整理，讓房子變成家

前言

2013 年我第一次接觸到「整理」這個概念，那時候覺得整理就是簡單地把東西都收拾好，於是我抱着這樣的想法把自己的家「整理」了一遍。可沒過多久，我發現沙發上、椅子上就堆起很多衣服，餐桌上、茶几上凌亂地堆滿零食和雜物。我才明白，光會「收拾」並不表示會「整理」。

整理，既有整頓又有理清思路的意思，在日式的整理理念中，先有整理才有收納，因為只有先具備了讓家整潔的思路，才能開始執行讓家變整潔的方法。

系統學習了一年整理之後，我便開始為不同的客戶「排憂解難」。我發現，大部分不會整理的人都有共通點：「我家太小了，等買了大房子自然就乾淨了！」「我愛收拾，可家人總是來搗亂，還是算了！」「收納這麼簡單的事情，我只是不願意做！」這些人不少住着 100 ～ 150 平方米甚至 200 平方米的房子，卻仍舊覺得擁擠、不舒適，毫無生活品質可言。我曾住在一位日本朋友家中，兩室一廳的房子住着一家四口，客廳永遠寬敞得可以讓一家人席地而坐，任何一個桌面、檯面永遠只擺放着和這個區域功能相關的物品，走進這個家就有種輕鬆感。所以，家舒不舒服和房子大小完全沒有關係！即使再小的房子，只要整潔有序，就會讓人產生自在感和舒適感。

整理，就是讓家變幸福的魔法。

我經常在網上更新各種關於整理技巧的小視頻，很多人都表示看完很受用，但到自己實踐的時候，常常有心無力、半途而廢。我也經常收到網友留言，向我討教一勞永逸的整理方法。一方面，我非常希望能將自己這麼多年總結的整理技巧和收納方法統統教給大家，讓更多的人輕鬆做整理。另一方面，在我眼裏，如果沒有願意為這個家付出的心，掌握再多方法也只會事倍功半。

所以，真誠地希望看到這本書的人都能熱愛自己的家，即使它不大，即使它有點老舊，即使它現在還堆滿雜物，相信只要憑着一顆愛它的心，你一定能找到生活的幸福之道。

林傑瀟

推薦序

2015 年的某一天，小林走進我的辦公室，說想聊聊。那時我在報社負責新媒體，而小林是報社的人事，著名的「報花」，待人做事禮貌、細緻又周到。那天聊的內容有點出乎我意料，她想在業餘時間嘗試一下微信公眾號的寫作和運營。

那時微信公眾號的第一波熱潮其實已經過去了。而且絕大部分人都是一時心血來潮，並沒有想好自己的特長或興趣在哪裏，以及準備怎麼做，做多久。所以我婉轉地問：「那你想好做哪個領域了嗎？」

小林回答：「整理收納！」

這個回答讓我眼前一亮。就我所知，整理收納雖然在當時還是一個比較新鮮的名詞，但其實擁有一個完整的細分市場，且針對的絕大多數都是女性用戶，是一個很好的拓展領域。

但我接着又問了一句：「你對這方面感興趣嗎？」其實話背後還有我的一層疑問：「你擅長嗎？」

小林的兩眼頓時放出了光芒，開始滔滔不絕地給我講起她對整理收納的愛好、實踐、研究、心得……

那是一次非常愉快的聊天，我在給出建議的同時，也了解了關於整理收納的很多知識。當然，結束聊天時，我還是抱一種觀望態度的，我見過太多一開始雄心壯志，沒多久就偃旗息鼓的人了。

過了一段時間，小林把她的微信公眾號「嘿姐趣生活」推給了我。我發現她已經有了一群固定的忠實粉絲。又過了一段時間，我發現她在「小紅書」上也有了幾十萬的追隨者。再過一段時間，我開始在各種電視節目中看到了她的身影。作為收納達人，她已經得到愈來愈多的認可。直到我看到她第一次的線下培訓課，有很多學員專門坐飛機從外地趕來聽課時，我知道，這件事，真的被這個女生做成了。

作為她努力結果的又一憑證，這本集結她整理心得的書即將出版，我有幸受邀寫序，也有幸有機會先目睹了書稿——必須承認，作為一個東西亂扔亂放的「鋼鐵直男」，我對整理收納產生了很大興趣。

我相信，看了此書的讀者不會失望，因為你們讀到的不僅僅是一本關於整理收納技巧的書，也會讀到一個關於一個女生如何將自己的興趣愛好發展成一項事業的故事。

「整理」是一種方法，更是一種思路、一種心態。在這個紛繁複雜、充滿焦慮感的時代，讓我們一起學一些「整理」的方法，用更好的姿態，迎接更具有挑戰性的美好未來。

張瑋

（網名「饅頭大師」，暢銷書《歷史的溫度》作者）

目　錄

第一章

整理準備篇

第二章

空間整理篇

第三章

衣物整理篇

整理神器篇

第一章

整理準備篇

想要整理又無從下手？
這三個方法幫你擺脫「整理焦慮症」

我常聽一些人抱怨，家裏好亂，想要整理卻不知道如何下手。在我看來，他們並不是不會整理，只是缺乏對自己完成整理的信心，患上了「整理焦慮症」。其實，這種焦慮來源於對現狀的極度不滿，最好眼不見為淨，但是又迫切想要改變。希望我能給他們一個完美的方法，瞬間讓家變得整潔無比。

實際上，我指導的客戶都能獨立完成整理，我的存在只是在心理上給他們吃顆「定心丸」。

正在猶豫要不要開始整理的你，首先要從心理上說服自己，來試試這三個方法吧！

放下任務感，增加整理的動力

整理不等於做家務，如果帶着沉重的任務感去做整理，那麼整理只會成為你心裏的一塊「大石頭」。不妨把整理看成是一件解壓、放鬆的事情，開展起來就會容易很多。

類似瑜伽的「冥想環節」，整理的時候腦中沒有工作，沒有煩心事，一心專注在手頭的事情上，這種感覺超棒！而且，沒有心理負擔的整理，完成之後會更有成就感呢！

把整理分攤到平時，不要集中倒騰

有些人對整理提不起興趣，最大的原因就是內心恐懼。滿屋子的東西，到底該從哪裏下手？憋了半天勁，最後兩手一攤，放棄了。

對於東西多、空間大的家庭，我建議把整理工作分攤到平時，而不是集中在週末去做。比如回到家之後第一時間整理隨身包，取出用不上的物品，準備明天要用的物品。第二天即使再匆忙也不用擔心落東西。

這種整理習慣還可以用在工作和學習上，我每次瀏覽到不錯的內容，下載保存的同時就命名好關鍵詞。這種資料歸檔的整理習慣，在我寫文章的時候非常管用。即使隔了幾個月，還是能以最快速度找到素材。

整理的目的，就是讓自己生活得從容不迫！

3 一旦下定決心整理，就不要留後路

一旦下決心做好一件事，就不能讓任何不確定的因素中途打擾。如果你總是要等到「哪天有空」「哪天方便」來做整理的話，「哪天」是永遠不會來的！

而迫使自己把想法化為行動的好辦法，就是定期邀請朋友來家裏做客，設置一個時間點之後，自然就會有整理的動力。相信我，當你的整理成果得到客人表揚時，你會更有信心堅持下去！

做個小測試
找到適合自己性格的整理方法

學習整理前請先問自己一個問題：為甚麼要學習整理？是從來不會整理，想要擺脫目前雜亂無章的居住環境？又或是很喜歡整理，但保持時間不長久，反復整理反復亂？

每個人都有不同的性格，先了解一下自己的性格再開始着手整理，會事半功倍。

這裏有一份測試，如果你有如下情況，請在前面的方框內畫上「✔」。

- □ 01・經常買收納工具，家裏還是不夠整齊
- □ 02・喜歡一件物品會重複購買
- □ 03・家裏來客人前才會收拾
- □ 04・家裏亂也毫不在乎
- □ 05・愛收拾，可收拾完沒過多久又亂了
- □ 06・只喜歡買買買，很少做「斷捨離」
- □ 07・總以沒時間為藉口不做整理
- □ 08・經常找不到東西
- □ 09・嚮往整理後的生活，可不知道從何下手
- □ 10・常常買回物品就閒置或者後悔
- □ 11・整理總是做到一半就放棄了
- □ 12・家裏到處散落着物品
- □ 13・家裏能做到表面乾淨，打開櫥櫃物品雜亂，原形畢露
- □ 14・總覺得有些物品扔了可惜，以後還會用
- □ 15・比起整理，會更願意先做其他事
- □ 16・認為整理就是件很麻煩的事情

選項中，出現 1、5、9、13 較多的人，是 A 類型，喜歡整理收納，但不知道方法。

你熱愛整理，甚至有輕微的強迫症，天生不喜歡雜亂。但你整理起來毫無章法，總是想到哪兒就做到哪兒，常常買回一大堆收納用品，卻不知道該如何使用。

出現這樣的情況，有兩種可能。第一，你可能缺乏專業的整理收納知識，接受的知識過於碎片化，沒有系統梳理。另一種可能就是你接收了太多的訊息，導致無法在其中選擇出真正適合自己的。

建議你在了解自己的生活空間、生活習慣的基礎上進行理性的規劃，如果你無法獨立完成規劃和收納，本書的很多內容都值得參考。

B 類型

選項中，出現 2、6、10、14 較多的人，是 B 類型，喜歡囤貨，對物品有執念。

你缺乏安全感、天生猶豫，所以你經常糾結在物品的「斷捨離」當中。你很重感情，容易將感情投射在物品上，帶有回憶和感情的物品讓你不得不中斷或放棄整理。

建議你可以仔細看看本章後面的文章〈有執念的物品，該如何處理？〉（見第 18 頁），學會對不同執念物品的處理方法，並且在不斷練習的過程中鍛煉得愈來愈果斷。

選項中，出現 3、7、11、15 較多的人，是 C 類型，嚴重的「整理拖延症」。

儘管你嘴上說願意整理，但內心並不太重視整理這件事。整理在你心目中的排序很低。先洗衣服再整理，先看部電影再整理……你總有自認為「更重要」的事情要去做。

有這樣的想法也有可能是你的內心對整理充滿恐懼感，面對龐大的勞動量心生恐懼、無從下手。

建議你拆解整理目標，把目標分解成小步驟再去完成，內心就不會因為龐大任務量而害怕。同時可以借助外力鞭策自己，比如定期邀請朋友來家裏做客，強迫自己開始整理。

D 類型

選項中，出現 4、8、12、16 較多的人，是 D 類型，對整理無感的人。

你可能從來沒有體會過整理的好處，才會對整理沒有感覺。你可能從小就生活在比較雜亂的環境中，也可能從小就由父母長輩包辦整理，從不需要自己動手。

建議你先向會整理的人尋求幫助，在他人的幫助下體會到居住環境被整理後的變化，如果你確認喜歡整理後的新生活，再開始培養自我整理習慣就好。

如果某兩種性格的選項數量相同，則表示你兩種性格兼而有之。

突破「斷捨離」
你要做的並不是扔扔扔

20 世紀 90 年代，日本經濟下行，國民消費能力下降。一些剛走出校園的年輕人結不起婚、買不起房，不少人成了無慾無求的「草食族」，「斷捨離」就是在那時興起的。2011 年日本大地震後，數萬人在頃刻間失去生命和家園，很多人感悟到人生短暫，不應該被物質拖累，「斷捨離」受到追捧，掀起了一股熱潮。「我真的需要這麼多東西嗎？」愈來愈多人意識到，物質的堆積無法獲得想像中的精神滿足感，有一部分人過起了「極簡生活」。日劇《我的家空無一物》女主角的原型緩莉舞就是其中之一。她的家裏從客廳到廚房幾乎空無一物，客廳沒有沙發、電視櫃，飯廳只保留一家五口最必需的五個碗碟，自己的衣服一個掛衣架就能全部裝完。

雖然極簡生活讓人擺脫了對物質的過分關注，但這樣的生活難免缺少煙火氣，就連緩莉舞也曾在博客中寫過，自己生病住院的時候，發現只擁有三條內褲，實在是太不方便了。

我在北海道旅遊時，民宿主人是一對結婚 50 年的老夫婦。夫妻倆喜歡喝茶，收藏了一整面牆的茶具。客廳裏有餐桌、書桌和四方小茶几，你能看見的每個角落，都被他們用香薰、布偶、花朵裝飾了起來。和我想像中的日式簡約風不同，他們的家更像是間有人情味的雜貨店，裝滿了關於家的美好回憶。

現代人生活、工作壓力大，渴望過簡單的生活，但簡單生活並不意味着扔、扔、扔！只要科學地持有物品，就能達到空間、物品、心靈三者間的平衡。

▼ 日本北海道民宿的茶具

▼ 民宿主人的收藏

怎樣科學持有物品？請「拒絕囤貨」！

我們生活在一個互聯網非常發達的時代，幾乎所有東西都能輕易買到，所以囤貨是非常沒有必要的。以下這三類物品，請謹慎囤貨。

體積大的日用品，囤貨會浪費大量收納空間，比如紙巾。

對於家居日用品，只持有一個時間限度內能使用完的物品數量即可。同時，可以列一張家居用品清單，記錄家裏日用品的消耗頻率，補貨時就能做到心中有數，避免重複購買。

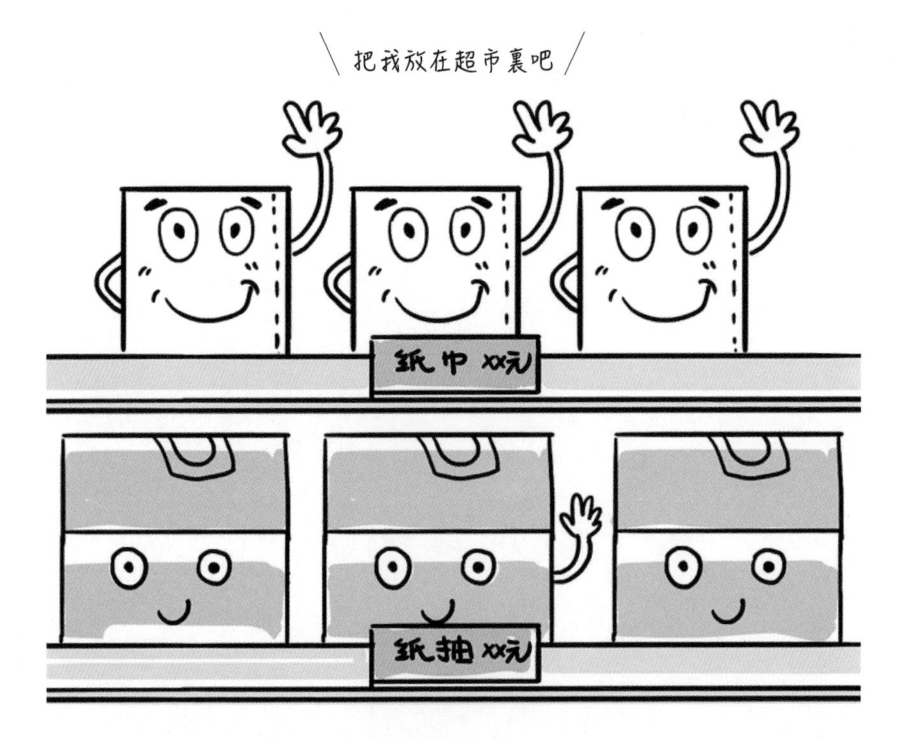

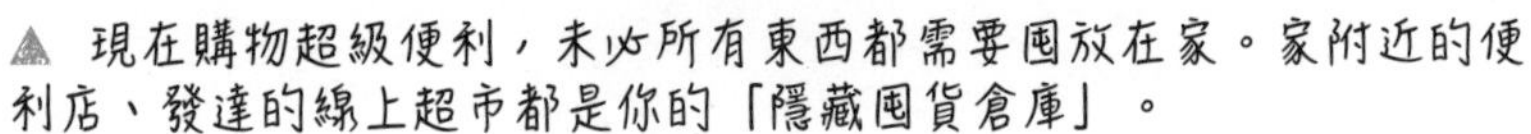
▲ 現在購物超級便利，未必所有東西都需要囤放在家。家附近的便利店、發達的線上超市都是你的「隱藏囤貨倉庫」。

2 有使用期限的物品，囤積過量只會導致過期，比如食品、化妝品。

這類物品開封後就會開始氧化，使用效果也會跟着打折。我更鼓勵大家購買小包裝的食品和化妝品，保證自己可以在短時間內用完。

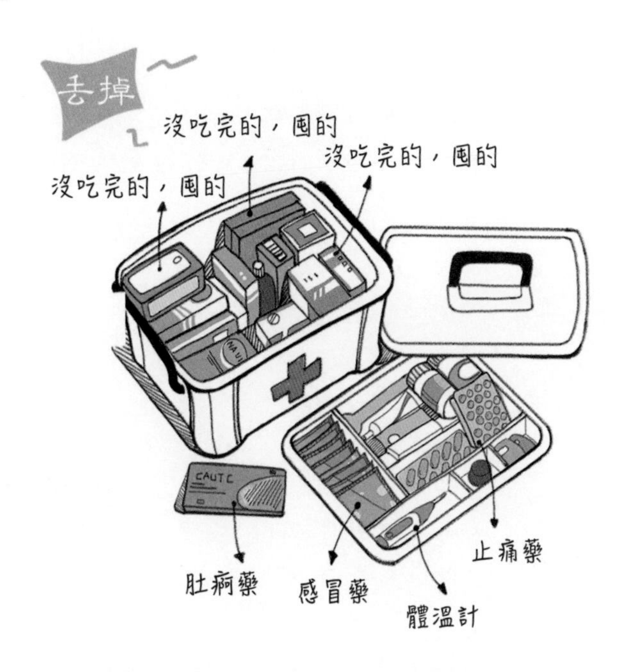

▶ 有些人習慣囤藥品，實際上這麼做完全沒有必要。試想一下，當你再次生病時，仍然會去醫院配新的藥，而不是吃囤積的藥物。當然，適當留下少量常用藥是合理的，大量囤積不值得。

3 使用頻率低的物品。

對於囤貨，千萬不要抱有「可能以後還會有用吧」這樣的想法。尤其對於小空間的家庭，每平方米都很值錢，被這些囤貨佔據，是最大的浪費。我們崇尚「斷捨離」，並不是強調扔掉物品，而是不斷抉擇物品。擺脫對物質的執着，是尊重自己內心的開始。

◀ 很多人的廚房裏塞滿了一次性餐具、紙杯，但一年都使用不到一次。如果你不經常招待客人，不妨等需要時提前購買即可。

有執念的物品，該如何處理？

生活中總有讓人難以割捨的物品，有的承載了你某一時期的回憶；有的有升值可能；有的帶有感情的傳遞。對於這三種物品，要分別對待。

1 承載回憶的物品，請以另一種方式延續它們的生命。

每個人都有自己難忘的回憶，這些回憶通常都被寄託在某件物品上，這樣的物品，不用強迫自己「斷捨離」。

很多人捨不得某件物品是因為心裏放不下物品背後的感情；其實，物品用哪一種形式留存並不是重點。我曾經有個客戶，她非常煩惱自己的婚紗該怎麼收納，扔掉捨不得，保留又佔地方。我給她的建議是：將婚紗改造成一個抱枕，成為一件有意義的擺設。

▲ 我有一個老式照相機，雖然已經壞了，但因為是父親留給我的遺物，我也捨不得扔掉。於是搬入新家時，我在牆上安裝了喜歡已久的書架，用這個充滿童年回憶的照相機來裝飾新家。

2 有升值可能的物品，集中收納，留待時間處理。

這部分物品暫時看起來很累贅，但你無法估計隨着時間的推移，它是否會具有價值。

▶ 最簡單的，用收納盒將這類物品集中打包，放在儲物間、櫥櫃高處或床底下。然後，只要靜靜等待時間來判斷是繼續保存，還是贈送、變賣或者丟棄。

3 帶有感情傳遞的物品，視為普通物品，根據喜好進行取捨。

帶有感情傳遞的物品，是指那些不是按自己主觀意願購買的物品，可能是朋友送你的喬遷禮物，也可能是你中獎得來的獎品。我們不捨得丟棄這類物品，通常是因為重視物品背後的情義或者含義。但請你相信，當你接受它的那一刻就已經代表了你接受了對方的祝福，而這和物品本身並沒有關係。

所以，對於別人贈送的東西，就請當作普通物品，根據你的喜好程度、需要程度取捨就好了。

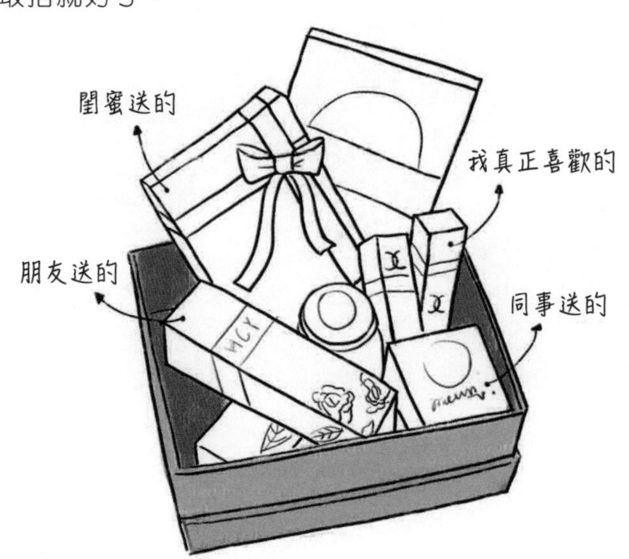

讓你的家，有你居住的品格

如今愈來愈多年輕人的生活觀念改變，即使租房子也要花錢裝修，而不是像父母那樣「湊合住」就行了。家，不僅是容身之處，更是一張私人名片，代表着自己的身份和品味。

對於已經裝修好的家來說，一時半刻重新翻新似乎不太現實；但通過整理和收納，就能讓家再度充滿新鮮感。

在我眼裏，整理有一條金科玉律，就是讓你的家擁有屬你的味道和格調。在整理時，就要注意物品的「露出比」。為甚麼樣板房總是看上去更舒服？就是因為物品少的房間顯得更有高級感。對於正常居住的房子，隱藏收納 80% 的物品，露出 20% 的物品，是最佳的搭配。

▲ 從整理收納到裝飾佈置，整個房間煥然一新。

將物品按照美感和實用度區分，有四種類型。

既有美感又實用的物品

比如花瓶、首飾盒等，這些物品盡可能展示在外，露出收納。當然，使用頻率高的物品也應該露出收納，所以愈是常用的物品愈是要購買跟家居風格相襯的。

有美感但不實用的物品

比如裝飾畫、小件擺設等，這部分物品最能體現屋主的喜好，也要露出收納。但不應過量，要切記第一類和第二類物品總量只佔家裏空間的 20%。

沒有美感但很實用的物品

比如廚房裏的各種料理小工具、零散且容易亂的家居日用品、季節性家電等，這部分物品適合隱藏收納。

沒有美感又不實用的物品

應該果斷丟棄。

看到這裏，你一定會自信地認為家裏沒有第四類物品。請回家找找，有沒有網上購物送的贈品，或是已經淘汰但不捨得扔的舊家電？

一個家的格調感，體現在 20% 的露出物品上，包括傢具、裝飾品和收納容器。在露出物品的整理上，要做到以下三點 ：

1 風格一致

搭配傢具時，永遠要把風格放在首位，再喜歡某一件傢具，只要和家裏的風格不搭就不能買。選擇的意義就是不斷尋找到內心真正喜歡的。

(美好生活家)

2 顏色和諧

配色對整個家居空間的整潔度有着非常關鍵的作用。同色系的小家電，會顯得更潔淨和美觀。

若是無法統一顏色，可以購買同色系的收納工具，將物品化零為整。日常用的紙巾和保健品，用白色的紙盒收納起來之後，就不顯得凌亂。

3 尺寸統一

大大小小的收納盒會讓空間顯得無序，沒有章法。在購買收納工具時，要保持尺寸統一，平均且規則的空間劃分會更讓人感到舒適。

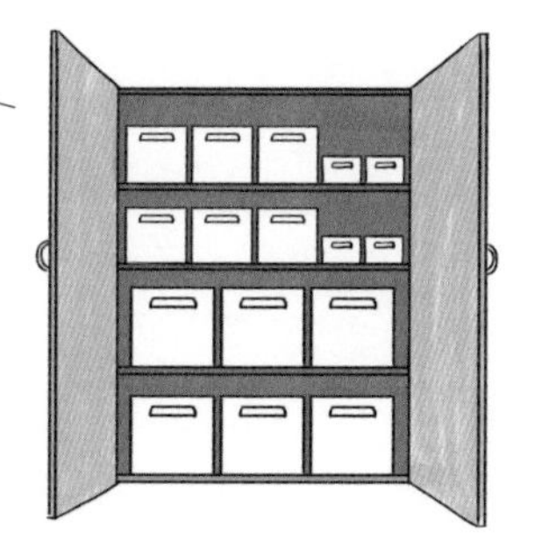

整理是件令人幸福的事情，整理是一個先做減法、再做加法的過程。減掉多餘的物品，你會發現生活多了一份輕盈和自在。之後，不斷加入精選的物品，可以是一見鍾情的擺設，也可以是心儀已久的某件好物。終有一天你會發現，自己的家變成了人人羨慕的「別人的家」！

第二章

空間整理篇

精緻的玄關，家的「歡迎式」

玄關是一個家最有儀式感的地方，一個精緻的玄關能讓人充滿家的歸屬感。玄關又不僅僅只是個儀式台，還承載着家裏非常重要的儲物功能。

在香港人的家居格局中，有兩種玄關最為常見。一種是櫃檯式，一個小小的櫃子，櫃子裏收納物品，檯面擺放裝飾或臨時置物；另一種是整體櫃，定製頂天立地的櫃子，收納容量大大增加，空間利用率極高。

小戶型的家庭推薦使用整體櫃，節約空間之餘，東西隱藏顯得更整潔。

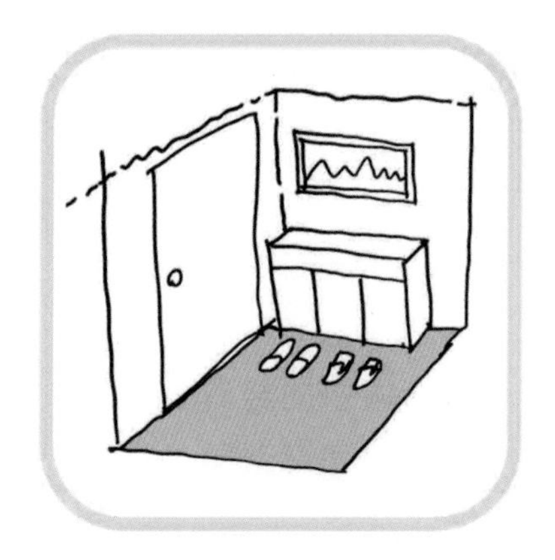

櫃檯式，檯面可臨時置物

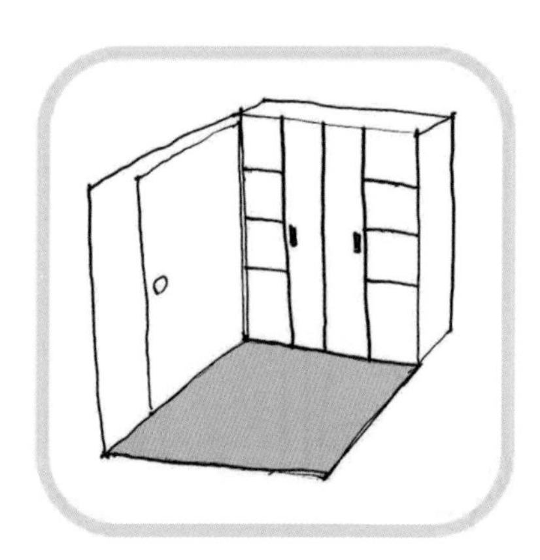

整體櫃，收納容量大，整體感強

玄關的實用功能

一個實用的玄關具備多種功能，在裝修時事先考慮這些功能再進行玄關櫃的定製，就會事半功倍。

1 鞋子收納

一說到玄關收納，大部分人都能想到收納鞋子。如果玄關空間足夠，設計了頂天立地的鞋櫃，可以將鞋子全部收納在這裏。

◀ 如果鞋子數量過多，或者玄關空間不足，則只需要將當季的鞋子和家居鞋收納在玄關即可。

▼ 籃筐裏收納利用率不高的拖鞋。

2 隨身物品收納

◀ 我的玄關上永遠擺放一個收納托盤，這是為了提醒我回到家就將隨身物品，比如車鑰匙、門鑰、零錢等放進去。即使我第二天換了外套，也不會落下東西。

▼ 甚至可以將你常服用的藥品都分裝好後放在玄關，每天出門拿一盒，再也不用擔心自己會忘記啦！

快遞操作台

隨着網上購物的迅速發展，玄關如今多了一個重要的功能，就是拆快遞的操作台。

◀ 在玄關收納剪刀、剁刀等，收到快遞後在玄關拆封，快遞盒及時扔掉，家裏的清理也會更方便。

家庭雜物收納

如果你有一個頂天立地的玄關櫃，可以將家裏零散的雜物都收納在此。比如雨傘、吸塵機等清潔工具，甚至我們在衣櫥整理中提到的「隔夜衣」（見第44頁）。

▶ 這樣的櫃子必須在裝修前就有所規劃，了解每類物品的數量和尺寸，定製工作要非常仔細。

5 裝飾台

玄關還是家的重要門面，只有收納功能會顯得過於刻板，讓出一點兒空間擺放適合家居風格的裝飾品，才更有家的味道。

▼ 玄關的物品放置五分滿，剩餘的空間才能被靈活運用。聖誕節時，玄關被我佈置成了禮物台，非常有過節的氣氛。

一個家，最需要完美收納的，就是客廳

你希望別人認為你是個怎樣的人，你就該怎樣打造你的客廳。

客廳就是一個家的門面，是朋友到你家來留下的第一印象。你有沒有發現？如果我問起你某個朋友的家，你腦海裏一定會浮現出他家客廳的樣子。至於廚房、臥室是甚麼樣，你可能完全記不起來。

我們的生活愈來愈多元化，客廳也被賦予了更多的功能，比如辦公、健身甚至兒童的玩樂區。隨之，要收納的東西也愈來愈零碎、繁雜。要實用收納，還要兼顧美感，打造一個完美的客廳，到底該怎麼做呢？

1 根據生活習慣分配客廳空間

每個人的職業、生活習慣不同，對於客廳的需求也不盡相同。比如有些人喜歡在客廳看書，客廳最好有個大書架，承擔書房的功能。我和先生經常在客廳寫稿，我們就需要兩張高度合適、可移動的角几，提升寫稿舒適度的同時也保證互相獨立不干擾。

2 物品既要藏一點兒，也要露一點兒

物品有隱藏收納和露出收納兩種方法。如果把客廳的物品一股腦兒全隱藏起來，雖然看似如樣板間般整潔，但會給實際生活帶來麻煩；但如果露出的東西過多，又會顯得雜亂不堪。所以對於放在客廳裏的物品，10% 露出，其餘 90% 藏起來，這個比例最合適。

以下三種物品適合露出收納：

高使用頻率物品
●●●●●

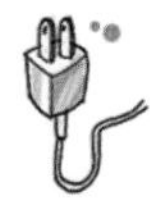

遙控器　充電線

兼具裝飾功能的
低使用頻率物品
●●●●●

音響　香薰蠟燭　書籍

令自己心動的
純裝飾物品

旅遊紀念品　鮮花

❶ 每天都要使用一次以上的高使用頻率物品，比如遙控器、手機充電線等。

❷ 兼具裝飾功能的低使用頻率物品。

▲ 高使用頻率物品

▶ 照理說，物品使用頻率不高應該隱藏收納，但有些物品本身有展示功能，即使幾天用一次，也可以露出收納。比如香薰蠟燭、音響等。

❸　令自己心動的純裝飾物品，例如旅遊帶回來的紀念品、鮮花等。

◀ 在客廳佈置自己喜歡的物品，讓人感受到你的品味。

而那些看起來瑣碎、沒有美感的生活雜物就要選擇隱藏收納。我總結了以下四類：

❶　**文件類：**說明書、家庭文件、個人證件、重要單據、發票、各類卡券。

❷　**電子產品類：**遊戲機、照相機、備用手機、不常用的充電器、數據線、電池等。

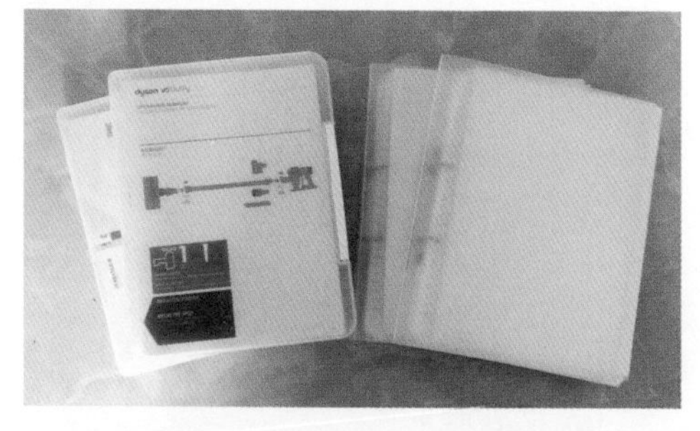

▲ 文件要定期斷捨離，已經過期的票據、重複又沒甚麼用處的文件要及時處理掉。

▶ 有些家電說明書厚厚一本，其實只有一頁是中文，在我看來只要保留這一頁就夠了。甚至紙質的說明書全部丟棄，你只要在網上一搜，關於怎樣使用的說明文字就會立即出現。

已經淘汰的電子產品不必保留，及時處理掉。這裏要強調一下，過時和淘汰是不同的概念。過時的電子產品，是因為有了新產品迭代而不再流行，比如當 iPhoneX 手機上市之後，iPhone7 手機就過時了。但是你仍然可以保留 iPhone7，以備不時之需。而被淘汰的電子產品是被某一項新技術、新功能替代的產品。比如當我們有了手機之後，以前的 CD 機、Walkman 都淘汰了。淘汰的含義很明確，就是以後再也不會使用了。同樣，功能重複的電子產品，以及那些已經想不起來有甚麼用處的物品，都要及時「斷捨離」。

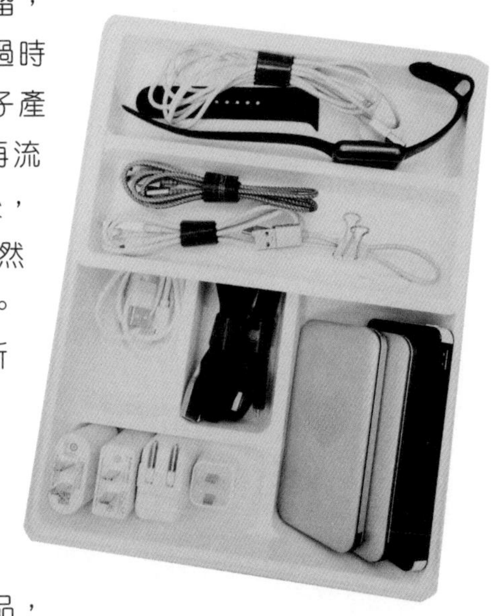

電子產品分類收納。

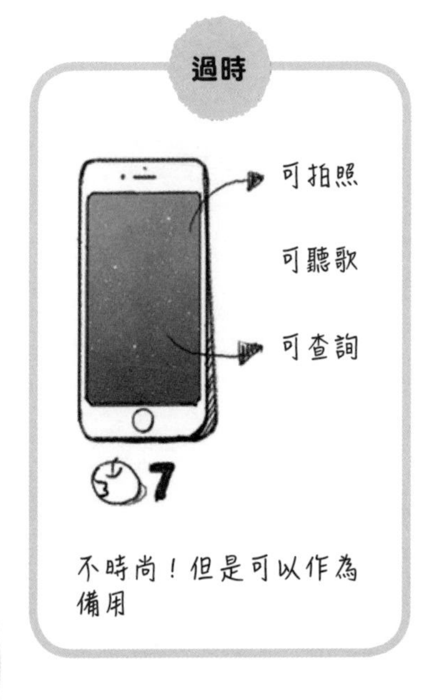

❸ **辦公工具類：**筆、紙、記事簿、萬字夾等等。

這些東西種類不少，但是數量不多，收納時要做好分隔，同類物品保留適當的數量就好，千萬不要囤積。

❹ **藥品類：**常用藥、體溫計、膠布等，這些應該集中收納在一起。

▶ 外用藥和內服藥分開放，應急時能以最快的速度找到。零散的藥品拆掉包裝，沒有保質期標識的藥品全部扔掉。

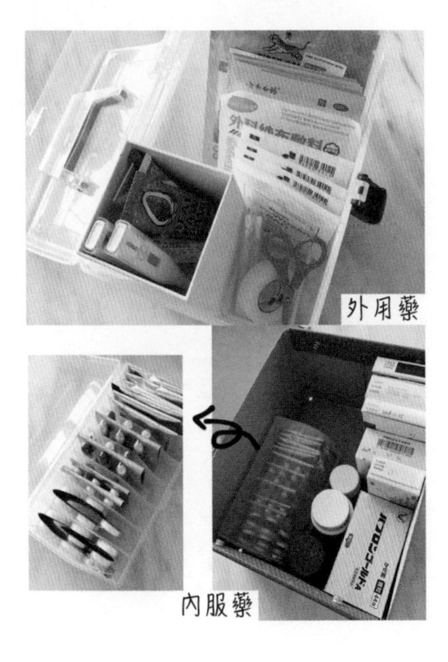

3 生活雜物的收納

為了把生活雜物全收納起來，最常見的就是利用電視櫃來收納。

▲ 利用收納盒或收納筐分門別類儲存雜物，並做好標籤，使用時可以事半功倍。

◀ 讓物品豎起來，可以節省空間哦！

▼ 電池集中收納，並且需要拆掉外包裝。

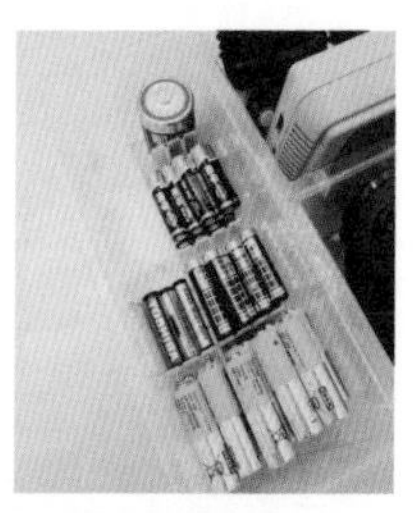

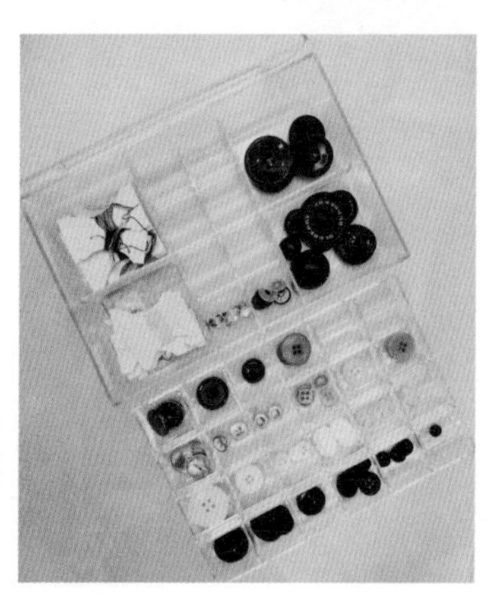

◀ 紐扣按照形狀、顏色分類收納，更容易被找到。

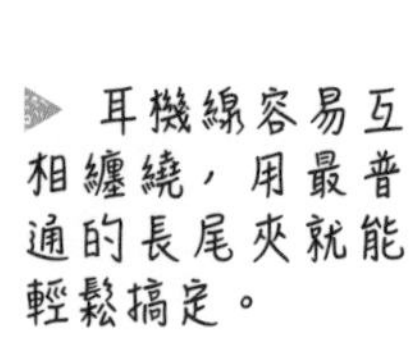

▶ 耳機線容易互相纏繞，用最普通的長尾夾就能輕鬆搞定。

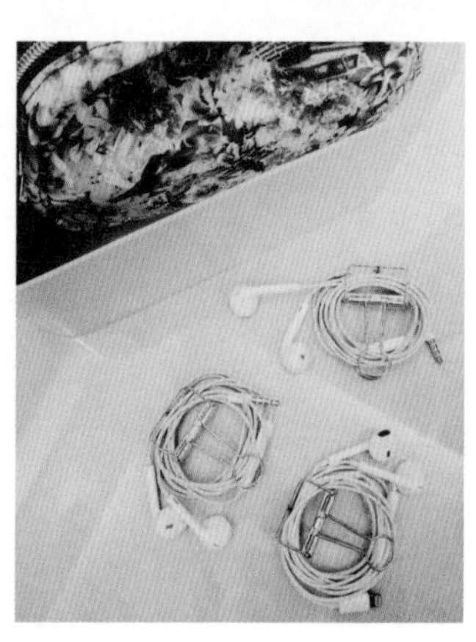

打造「身體充電站」
讓你整晚好夢的臥室整理

臥室就像身體的「充電站」，讓我們補充能量，第二天元氣滿滿。理想的臥室能讓你輕鬆卸去一天的疲憊，恢復內心的平靜，甜甜地進入夢鄉。

臥室不能存放太多的物品，過多的雜物會分散注意力，無法進入輕鬆、安心的入眠環境。

臥室通常有這些物品：家居服、內衣物、床品、在臥室使用的季節性家電。

當然，大部分人都將衣服收納在臥室的衣櫥（見第 40 頁），這裏我們主要說說以上四類物品的收納方法。

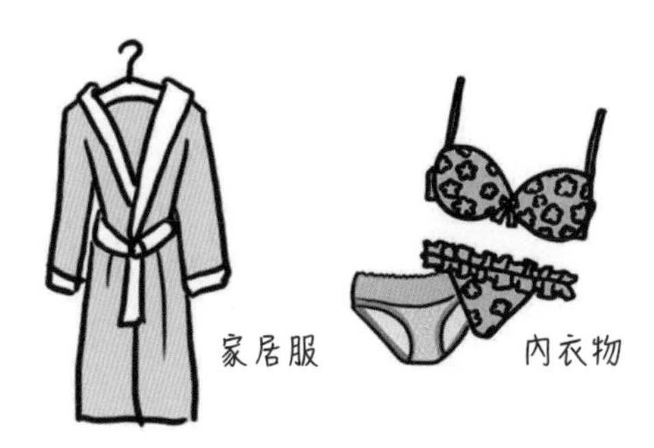

1 家居服

體積小、方便折疊的家居服，根據季節分類收納。我用了兩個抽屜分別收納薄款和厚款的家居服，換季的時候只要上下交換即可。

▼ 正在穿著的家居服，和折疊起來體積比較大（比如毛茸茸的那種）的家居服採用懸掛的方式收納。

▲ 薄款

▼ 厚款

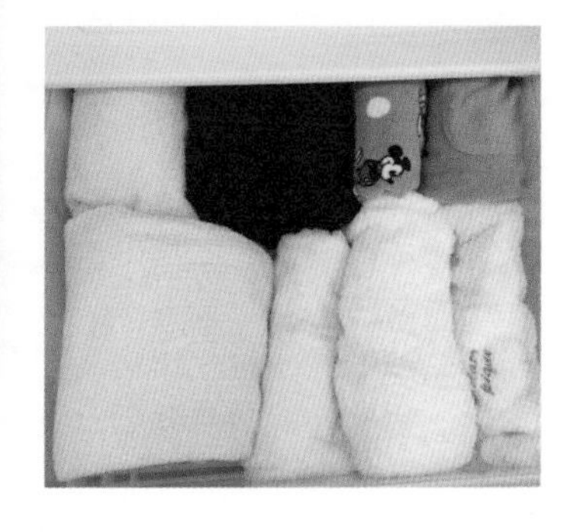

2 內衣物

內衣物的收納，按照功能性進行分類。

▶ 內衣分為有鋼圈和無鋼圈兩類，依次放入收納箱中。有鋼圈的內衣收納盒帶塑料分隔，能很好的保護內衣不變形。

◀ 襪子分為薄款和厚款兩類，均勻放在收納盒裏。每次看到這麼整齊的格子，心裏總會不自覺地想要繼續保持整齊下去！

▼ 內褲分為生理期穿著和非生理期穿著兩類，使用的是PP材質的透明收納抽屜。

3 床品

在臥室收納的床品有被子、床單、被套、枕套等。只有棉被可以壓縮收納，羽絨被和蠶絲被都不適合壓縮，因為壓縮會破壞其中的纖維，影響使用效果。

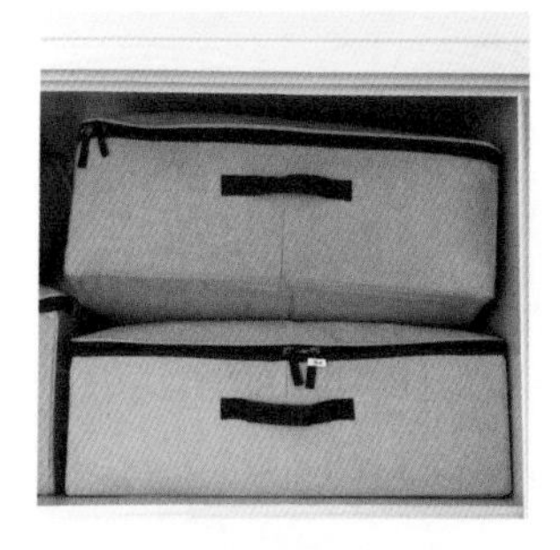

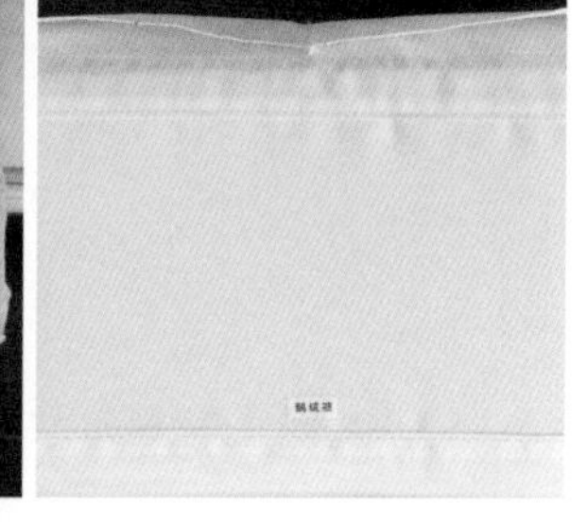

▲ 最適合的被子收納工具是尺寸合適的不織布收納箱。

▲ 被子大多是白色的，即使收納箱有透明視窗也不方便分辨，這時候就需要做標籤，下一季尋找時就會變輕鬆。

▲ 將床單和被套分開收納，找的時候就不用整個翻開了。

4 在臥室使用的季節性家電

較輕的放在衣櫥的上方，較重的收納在衣櫥的下方，根據你的生活習慣和衣櫥空間而定。

整理小課堂

怎樣營造更助眠的臥室氛圍？

臥室是讓我們放鬆休息的地方，跟睡眠沒有關係的物品都不應該帶進臥室。

▶ 我會在床頭安放一個小物收納筐，裏面都是利於我睡眠的日用品。

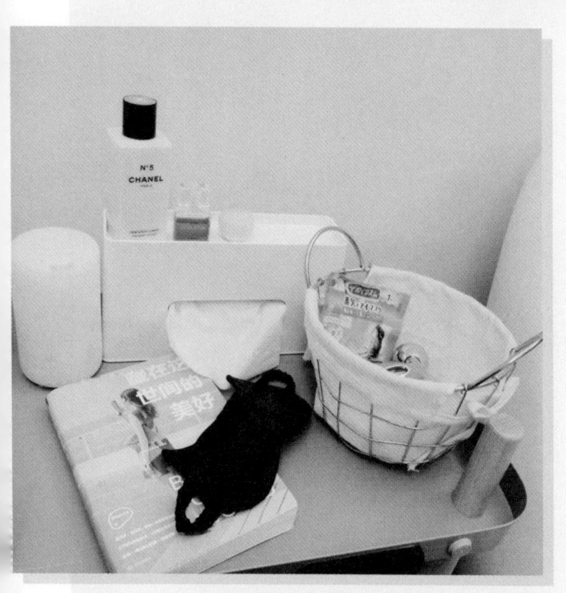

◀ 對於有睡眠困擾的人，請一定在睡前遠離電子產品，堅持每天讀一頁喜歡的書籍，或使用無煙香薰，讓心情平復下來，好好對自己說一聲「晚安」。

衣服反復收拾反復亂？
怎樣打造井井有條的衣櫥

衣服太多、衣櫥總是放不下？不管多大年紀的女生都有這樣的煩惱。不少人都會安慰自己：買個大衣櫥就好了！等我有了衣帽間就好了！

其實問題的關鍵並不在於空間，而是在於不會整理，即使你擁有了衣帽間，也只能反復收拾反復亂。

想要做好整理，擁有一個井井有條的衣櫥，這三步你必須知道：規劃、分區、收納。

step 1 規劃

規劃不是簡單的模仿，而是擁有規劃適合自己的空間的能力。

有些整理愛好者看完整理書，躍躍欲試，最後還是以失敗告終，因為那都是「別人家的收納」，照搬到自己家並不合適。每個人家裏的空間、擁有的物品都不相同。所以，規劃一定要先了解自己擁有的物品種類、數量。

規劃衣櫥時，建議大家盡可能增加懸掛空間，少用隔板。

▲ 我喜歡穿裙子，褲子比較少，上衣多，而且大多是長款；所以在我規劃衣櫥的時候，預留了大量的懸掛衣服的空間，沒有定製褲架和隔層。

▲ 由於褲子較少，所以僅用了三個深度匹配的收納盒分裝所有的褲子。

▲ 衣櫥預留長款衣服的懸掛區域，下方可自行填補收納箱，收納部分折疊衣物。

◀ 四層抽屜和兩層拉籃，收納所有內衣物和配飾。

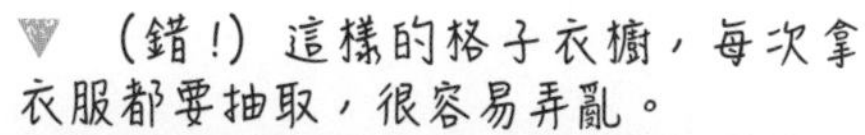

▼ （錯！）這樣的格子衣櫥，每次拿衣服都要抽取，很容易弄亂。

step 2 分區

有了規劃，就能按照衣服的種類在衣櫥裏分區域擺放，一般來講，建議大家分這幾個區域：

上衣區：收納短外套、襯衫、毛衣、T 恤等，主要以懸掛和小部分折疊為主。

下裝區：收納褲子、裙子等，主要以折疊和小部分懸掛為主。

長衣區：收納長大衣、長外套、連衣裙、長裙等，以懸掛為主。

折疊衣物區：收納適合折疊的衣物，如 T 恤、針織衫、毛衣等。

外套區：收納短外套、毛衣等，以懸掛為主。

配飾區：收納內衣物、皮帶、帽子、圍巾等，以折疊為主。

過季衣物區：收納過季的衣物。

過渡衣物區：能容納一兩個收納盒，供換季前後作衣物的過渡。

有了這些區域，基本能做到「少換季」！我一年只換兩季，一次是秋末冬初，一次是春末夏初。春秋兩季的衣服大部分通用，一直懸掛在衣櫥中即可。一年四季的配飾也收納在一起，不分季節，就省去了翻找的麻煩。

這個抽屜是我用來收納一部分春秋外套的中轉空間。

還可以規劃一個特別品區，某一類的衣物，比如運動健身類，旅遊專用類，這部分衣物集中收納在一起，用的時候立刻就能找到，不用擔心季節問題。

▲ 夏季衣櫥

▲ 冬季衣櫥

收納

收納最重要的，是做到易拿易取。

我經過實踐，發現懸掛是最好的衣服收納方法。尤其適合折疊麻煩的襯衫、不規則衣服。

◀ 如果衣櫥空間有限，不用特別追求全部懸掛，直立收納也是不錯的方法。讓每件衣服都一目了然，找起來自然不費時間。

◀ 褲子捲起來收納更節省空間。

整理小課堂

我家椅子總是會「長衣服」，怎麼辦？

令家裏凌亂的「罪魁禍首」其實不是衣櫥，而是散落在家裏的各個角落、無處安放的衣服。這些衣服你可能今天剛剛穿過，又不會馬上洗，可你也不想把它們放回乾淨的衣櫥，然後它們就會自然而然地「長」在你家的椅子上、沙發上……

像這樣的衣服，我們叫作「隔夜衣」。

隔夜衣需要專門的收納場所，只要它們有了去處，才不會「侵佔」你家其他的空間，有三種方法可以選擇。

1 衣帽架收納

衣帽架雖然好用，但也會因為太方便了，導致你掛在衣架上的衣服數量不斷增加。

所以，要養成定期清理的好習慣，不要讓它變成另一個堆砌衣服的地方。

▶ 在家裏的一個固定區域，設置像這樣的簡易衣服收納架，所有「隔夜衣」全部懸掛起來。好處就是衣服一眼就能被看到，取用都很方便。衣架還能用來掛手袋，下方空間用來收納鞋子。

2 衣櫃內獨立的區域收納

衣帽架懸掛衣服一目了然，但是有些人會擔心這樣會沾塵埃，有客人來家裏覺得不美觀。

可以嘗試在衣櫃單獨劃出一塊區域作為「隔夜衣」的存放空間。

這個區域要和乾淨的衣服有所間隔，關起門來看不到，是一種隱藏式的收納。也有人將這個區域定製在玄關櫃內。

但是這樣收納不利於拿取，有些衣服隨着你翻找會被推到櫃子深處。

▲ 上衣全部懸掛，褲子折疊收納。

3 上牆收納

對於衣服不多的人來說，特地用個衣帽架或是衣櫥收納「隔夜衣」確實有點兒浪費空間。兩三件外套其實只要懸掛起來就行，最好的辦法就是上牆。在玄關牆面安裝一個簡易掛鈎，供臨時懸掛外套和手袋。

◀ 除了玄關，還有一個你意想不到的絕佳收納位置——門後與牆壁隔出的「黃金三角區」。這個空間開門之後完全看不見，是個很隱蔽的「私人空間」。

化妝台的整理
可以任性一點

我希望大家把家裏大部分的東西收起來，這樣才能保持整潔和不易亂。只有化妝台的整理可以任性一點，不必全收起來，相反還能用來展示。化妝品本身自帶裝飾屬性，讓人賞心悅目，每天的心情也跟着好起來。

化妝台的物品一般有三類：護膚品、彩妝品、工具。

常用物品放在檯面收納，不常用的收納在抽屜內。

▲ 物品數量少，一個化妝台就夠；物品數量多的話，再配一個收納櫃即可。

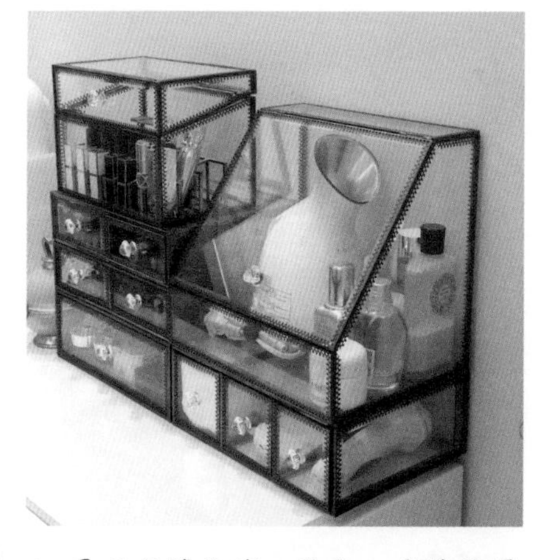

▲ 展示在檯面的化妝品，建議選擇防塵性能較好的封閉式收納盒，選用玻璃或者阿加力膠的透明可視材質，能清楚看到每一件物品，提醒自己及時使用。

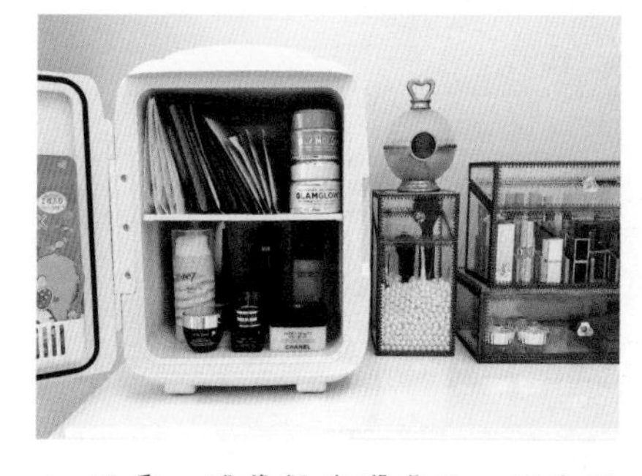

▲ 眼霜、精華類的護膚品，因為極容易氧化，可放入小冰箱中儲存。

▲ 外觀差不多的彩妝品，把帶顏色的一面向外，方便辨識。

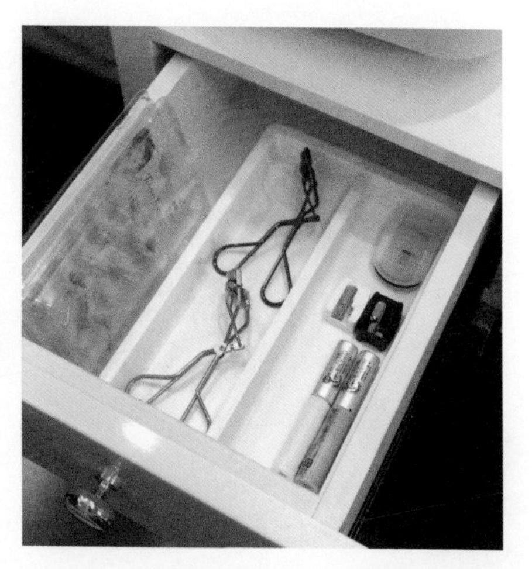

▲ 化妝工具適合放在抽屜內隱藏收納，做好分隔，便於分類和取用。

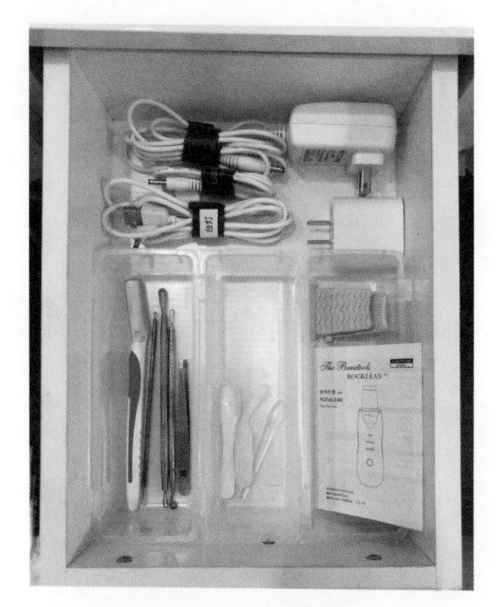

▲ 在化妝台使用的美容儀器、說明書和充電線都要集中在一起收納。

如果你並不從事跟美妝相關的行業，不建議囤積太多化妝品。繽紛多彩的化妝品雖然很讓人有購買慾望，但是在實際生活中，很少能在保質期內用清光，一定要謹慎購買。

花點巧心思，打造完美洗手間

要說一天之中哪個空間使用最頻繁，恐怕就是洗手間了。洗手間的物品整理很講究，既要收納得當、取用方便，還要防霉防菌、易於打理。怎樣才能做到完美呢？

1 檯面保留最少的物品

洗手間容易產生水漬、潮氣，為了清潔和通風的方便，檯面上保留最必要的兩類物品即可。

一天要使用多次的物品，比如牙膏、牙刷、化妝水等。放在隨手就能拿到的地方，省下了找尋的時間。

防止自己忘記使用的物品，比如漱口水、護手霜等。

▶ 有些物品每天都不會忘記使用，比如洗面乳，即使收納在櫃子裏，每天洗臉時都會記得拿取。但有些物品需要依靠「露出收納」來提醒使用。就像漱口水，只有擺在檯面顯眼處，才能時時督促自己去使用它。

▼ 我在洗手台還會常備一把橡膠刷，洗漱完能順手將檯面上的水刮乾淨，做到隨手清潔。

哪裏使用就在哪裏收納

▼ 洗手間裏經常用到的美容家電有吹風機、捲髮棒、剃鬚刀等，這些電器要連同充電器、說明書一起收納在洗手間。

▲ 使用頻率最高的日用品放在洗手台盆下，根據功能分區域擺放。

◀ 使用頻率低的日用品及囤貨單獨收納，一定要注意控制數量。

▲ 馬桶邊準備一個兩層收納櫃，廁紙用完之後能及時補充。

◀ 窄長條的透明塑料收納箱具有防霉防潮的優點，非常適合用於洗手間內小空間儲物。

▲ 剩餘空間收納個人護理用品和清潔用品，全部隱藏起來就不再有凌亂感。

▲ 實木毛巾架，既能收納毛巾，又能懸掛洗臉海綿等小物品。

◀ 我家的洗衣機放在洗手間，洗完澡就能把換洗的衣服扔進洗衣機。洗衣機的側面緊挨着浴室門，是個視覺死角，適合「隱藏」抹布以及清潔工具。把物品設置在完成一件事情的起點或者終點，才是合理的「生活動線」。

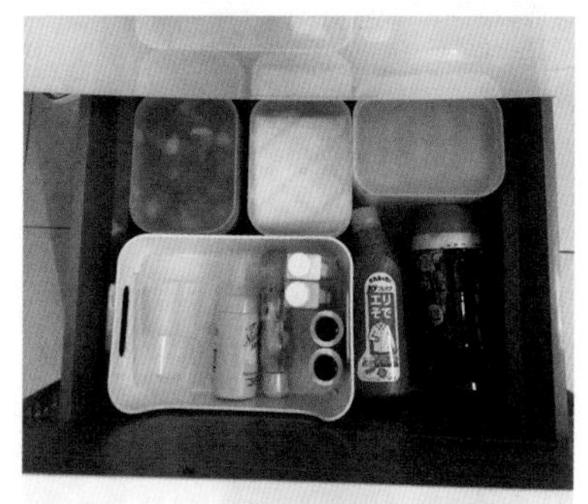

▲ 洗衣機的下方還有儲存空間，可用來收納洗滌用品。

3 打造「隨手可取」的收納空間

洗手間的收納一定要堅持「實用為王」。利用牆面空間，將物品懸掛起來，能節省更多檯面空間。

▲ 每天都使用的吹風機，每次用完都放回櫃子裏，實在有點麻煩。不如直接掛在牆上，易取易放，省時省力。

▲ 泡澡要用的東西都裝在編織袋裏，掛在離浴缸最近的收納架上，洗澡時伸手就能拿到。

4 打造完整且易打掃的收納空間

在洗手間使用的東西很零碎，最好的整理辦法是「化零為整」，全部收起來。用台盆櫃和鏡櫃都能打造這樣一個完整的收納空間。

抽屜內也要分類擺放得當。第一層收納的是每天要用的物品。

▼ 髮夾要用便攜式的小盒子裝在一起，用完及時放回，「用着用着就找不到」的情況再也不會發生。

▶ 愈是零碎的東西，愈需要一個可視的收納容器。化妝棉和棉花棒用透明阿加力膠盒子收納，既能防塵又能方便補充。

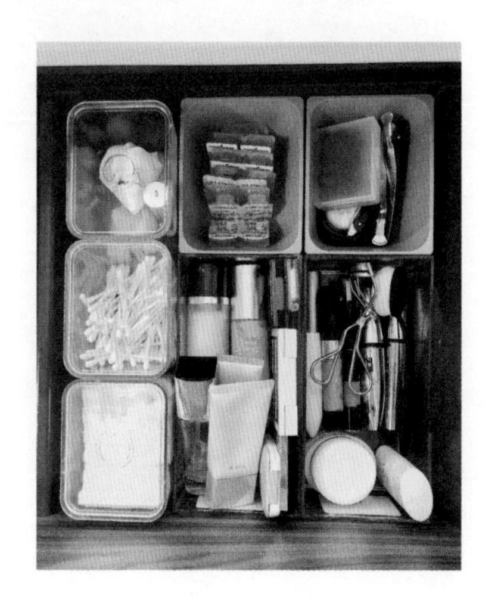

第二層收納低使用頻率物品，主要是一些小工具。

◀ 用收納單元格將不同種類的工具隔開，取用的時候不易混淆。

不管你喜歡用哪種方式收納，都一定要養成固定打掃的習慣。

◀ 在台盆抽屜裏墊一層海綿紙，吸附化妝品上的油漬非常有效，只要定期更換就行，再也不用費力擦櫃底了。

整理小課堂

化妝品能不能放在洗手間？

　　沒有進行乾濕分離的洗手間通常比較潮濕，不適合大量儲存化妝品，所以不能將所有化妝品都放洗手間。但我們每天早上在洗手間洗漱完然後化妝，要比洗漱完再回化妝台化妝更省時間。

　　所以將小部分日常要用的化妝品收納在洗手間，也能避免跑進跑出的生活動線重複。

　　但要注意，收納在洗手間的化妝品更換要勤，購買時傾向小瓶裝，以減少細菌滋生。

一個家的幸福指數有多高，看廚房就知道了

如果廚房井井有條，屋主一定是個熱愛生活的人；相反，一個亂糟糟的廚房，會讓人提不起勁下廚，食慾也跟着減弱。

可是廚房的東西又多又雜，收納的標準各不一樣，到底怎樣才能打造一個完美廚房呢？

廚房四類物品收納

1 食品類

中式料理種類多，色香味全靠調味，每個家庭的廚房都能看到各種瓶瓶罐罐。

▲ 調味料要擺放在靠近灶台的位置，炒菜時順手可取就是最大的方便。

▲ 檯面空間不足，還可以利用牆面空間。

◀ 大米、紅豆等乾貨儲存的時候要避開水槽這類潮濕的地方。也不能儲存在煤氣爐的上方，因為炒菜時，這個區域溫度升高，食物容易變質。

▼ 不常用的調味料放在抽屜或冰箱裏。

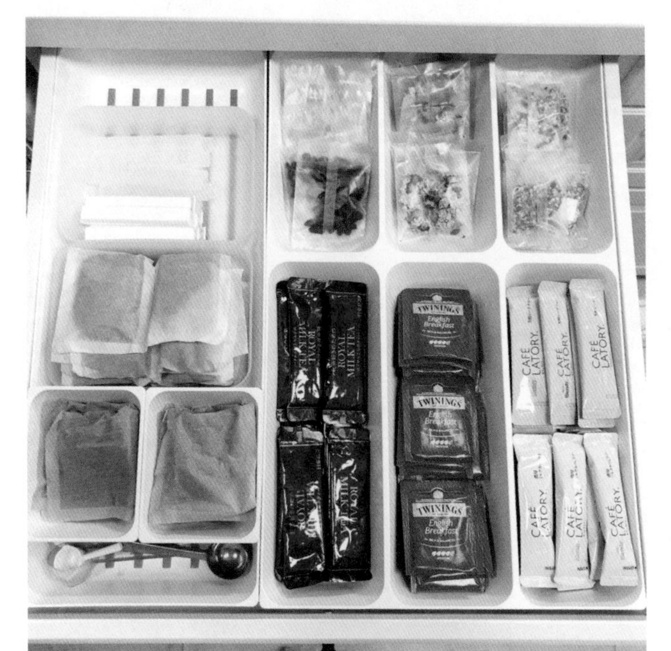

◀ 抽屜中的收納盒可以收納茶包。這個區域溫度升高，食物容易變質。

▼ 蔥、薑、蒜、洋蔥這些每天都要用、但不適合冷藏的食物用敞開式的容器集中收納在避光處即可。

器皿類

很多人喜歡把碗碟收納在消毒櫃裏，尤其是家裏空間小，騰不出多餘櫃子的時候，消毒櫃是可以被當作收納櫃來用的，但是有兩點要注意：

確保餐具瀝乾之後放入，或者消毒之前使用烘乾功能。潮濕是細菌滋生的最大原因。

定期運行碗櫃的自消毒功能，或用小蘇打加醋擦拭一下。

▲ 我把碗碟、餐具和鍋具收納在島台裏，因為島台離灶台很近，炒菜時一轉身就能拿到。

▲ 第一層利用收納分隔盒把筷子、匙子、刀叉分開擺放。

▲ 第二層是碗碟，按照形狀大小進行區分。

▼ 第三層收納鍋具，這層抽屜的高度是第二層的兩倍，即使放高一點兒的湯鍋也沒問題。鍋側立收納更節約空間，同時，鍋蓋一個尺寸只保留一個，和鍋分開收納。

▶ 中式廚房一定會有個大炒鍋，使用頻率高、體積大、重量大，在定製櫥櫃的時候要考慮一個完整的收納空間。櫥櫃內可以安裝伸縮分隔板，將空間豎直一分為二，可以放兩件大鍋具。

3 工具類

烹飪工具，就是做飯、炒菜時候要用的鍋鏟、漏勺等，適合上牆或放在檯面收納。料理工具，就是那些處理食材要用的工具，比如砧板、削皮刀等，要根據使用頻率來分。

▲ 常用的工具上牆收納最方便。

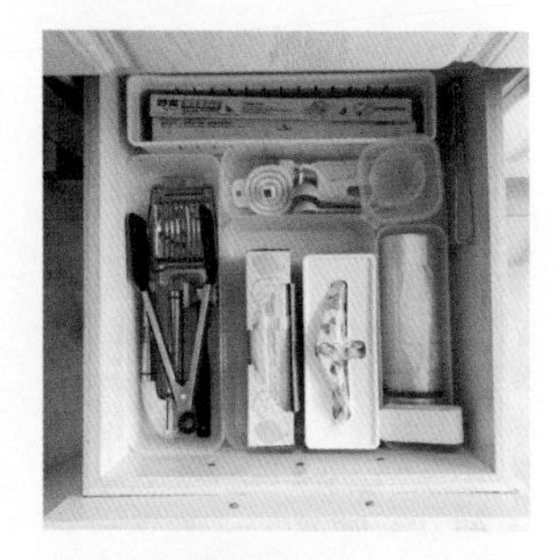

▲ 使用頻率低的工具，放在抽屜裏歸類收納。雖然這些工具平常基本用不到，但真要用到了，還是希望一下就被找到。

▲ 工具的收納也可以根據使用目的歸類，用於烘焙的工具統一集中在一格抽屜內收納。

物品在哪裏使用就在哪裏收納；所以，廚房用的清潔工具必須收納在廚房。

▲ 清潔工具本身抗潮性能較好，適合收納在水槽下方。

▲ 用伸縮架可以將水槽下方的空間分隔利用，架子的橫杆還能直接懸掛清潔工具。

清潔工具掛在水槽周圍，洗碗時能夠順手取用。水槽區域如果比較狹小，可以將清潔工具懸掛在水槽下方櫃子的門上。

▲ 懸掛是非常有效的收納方法。

▲ 清潔手套，用長尾夾夾住後掛在櫃壁內。

4 電器類

廚房電器有兩種收納方式，一種是放在檯面上露出收納，另一種就是放在櫥櫃中隱藏起來。

▲ 適合露出收納的有：常用家電，比如電飯煲，以及需要提高利用率的家電，比如榨汁機。露出電器不應過多，廚房的檯面儘量精簡，給自己一個操作空間，打理起來也更容易。

▲ 不常用的家電都隱藏收納。

▲ 輕巧的、使用頻率低的放在櫥櫃上層，重的、使用頻率高的放在下層。

八分飽就好
別再讓過期食品撐爆你的冰箱

你理想中的冰箱是甚麼樣子？乾淨清爽、食物擺放有序，一打開就能找到自己想要的東西。

可你現實中的冰箱又是甚麼樣子？堆滿食物、異味充斥，想找的食材卻發現已經過期變質了！

冰箱的定期整理不僅是為了取用方便，更是為了保證食物的乾淨和衛生，養成良好的飲食習慣。冰箱的整理可以分成兩步。

step 1 規劃你的冰箱

整理的第一步，要了解冰箱的每個位置應該放甚麼，做好規劃。冰箱的不同區域適合放的食物是根據溫度決定的。

冰箱門

冰箱門溫度相對較高，食物隨手取用也非常方便，因此適合放一些不容易壞掉或者馬上要吃掉的食物，比如開封後的飲料、調味品等。千萬不要把雞蛋放在冰箱門上，容易變質。

▲ 冰箱門

冷藏室　冷凍室　保鮮室

冷藏室

冷藏室一般有兩三層置物架，放的食物也是根據個人習慣因人而異。一般來講，上層溫度略高於下層，可以直接入口的食物可以放在上層，需要低溫保存的放在下層。

冷凍室

冷凍室溫度較低，可以放需要長期保存且不容易壞的食物。

保鮮室

現在不少冰箱還有零度保鮮室，適合儲存水果、蔬菜以及24小時之內要吃的肉、魚和其他水產品等。放在冷凍室的食材，如果第二天準備吃，前一晚就能放在保鮮室解凍。

總的來說，冰箱的規劃如右圖所示。

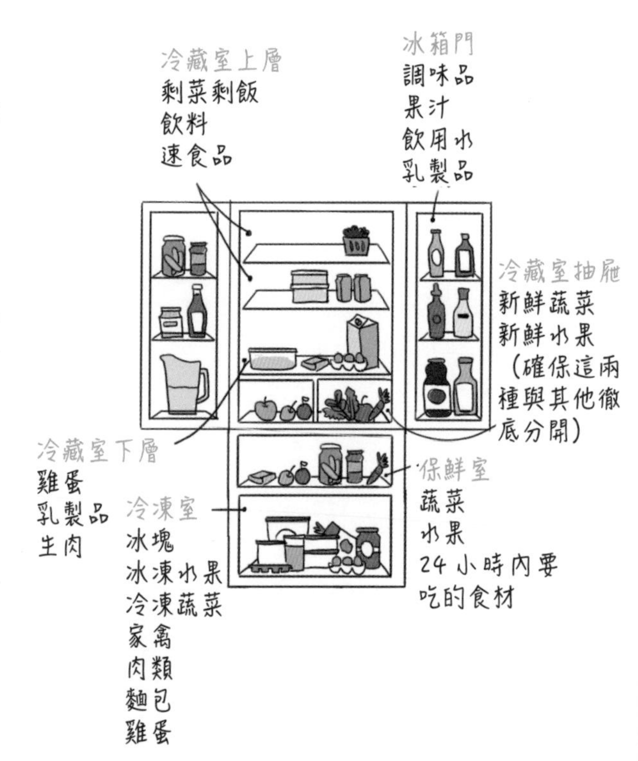

step 2 開始收納

區分生熟食，多用密封盒（袋）

冰箱內的生熟食要分開。很多人通常用一卷保鮮膜解決問題，可保鮮膜並不能百分百阻隔湯汁、肉製品血水等。所以，最好的工具就是食品保鮮盒和密封袋，能夠防止串味，讓冰箱沒有異味。

▲ 剩飯剩菜放進食品保鮮盒當中保存。處理到一半的食材，用密封袋統一存放。

去掉包裝袋，多分裝

分裝的目的是為了分開生食、熟食，防止串味，也更乾淨。當然這麼做，有些人會嫌麻煩。但仔細想想，我們每天不厭其煩地抹護膚品還不是為了讓自己更美。而收納就是給家做美容，所以花一點兒時間讓生活精緻是值得的！

▲ 牛油用專用的玻璃收納盒收納，比普通包裝保鮮度更高，還能防止化開。

◀ 分裝生食、熟食，冰箱看上去整齊、乾淨。

▲ 蔬菜、肉類用密封袋分裝，更節省空間。

▲ 常用食材貼上標籤，取用方便。

食物豎着擺放

無論任何時候，豎着收納都是最省空間的原則。

▲ 有些食物本來就能豎起來，比如飲料，只要依次序擺放好即可。

▲ 水果、零食等一些體積比較小的東西，可以裝在無蓋屜式收納盒裏，並區分功能。

▲ 蔬菜、味道重或者怕串味的食材，最好放在冰箱的抽屜隔層中。

▲ 冰箱冷凍區空間大，直立收納能避免食材堆疊，取用方便。可以利用家裏的文件盒或多層書擋進行分隔收納。

及時處理過期食物，放置八分滿

為了保證冰箱中冷氣更好地循環，冰箱不能裝得過滿，八分滿最好。食物保質期通常是未開封的儲存期限，有些食物開封後保質期會大大縮短，所以一定要養成定期清理冰箱裏庫存的習慣。

▲ 冰箱冷凍區空間大，直立收納能避免食材堆疊，取用方便。可以利用家裏的文件盒或多層書擋進行分隔收納。

讓「主子」更幸福
寵物專屬空間

在收納中有個很重要的原則，就是「同類物品集中擺放」，這樣的分類適用於每個家庭成員。有孩子的家庭，將小朋友的物品，包括衣物、玩具、書籍獨立收納，能更好地幫助孩子培養收納意識，讓他們從小養成良好的生活習慣。家裏有了寵物之後，也要給寵物一個獨立的完整空間。當然，這麼做不是為了培養寵物的生活習慣，而是我們能通過有效的集中收納，避免衛生方面的問題，讓家務清潔變得簡單，尋找物品也變得更容易。

▲ 我家一歲的寵物貓 Luna 活潑好動，喜歡在陽台上曬太陽。於是我將原本供我悠閒下午茶的陽台「轉讓」了出來。

▲ 現在的陽台，完全是牠的生活場所和遊樂場。

▲ 陽台擺放一個玻璃櫃，既可以充當花架，又能收納雜物，寵物消毒液等清潔用品就收納在這裏。

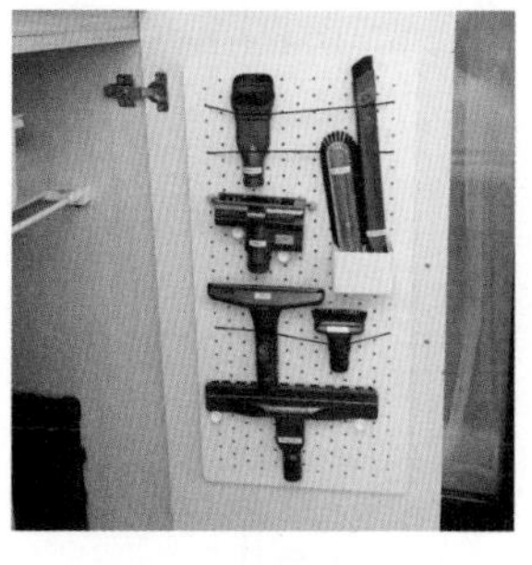

▲ 吸塵器安裝在陽台，便於隨時打掃，不同的刷頭隱藏在櫃門後。

▲ 貓糧和藥品需要避光儲存，陽台並不是最佳的收納場所。我在酒櫃下方騰出了一整個格子收納寵物用品。

▲ 透明的三層阿加力膠收納盒，分別收納「貓主子」的零食、藥品和雜物。

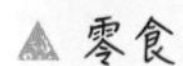零食

▲ 藥品

▲ 雜物

▲ 衣服最佳的收納方式是懸掛，寵物服裝也不例外。只要在櫃子裏裝一根伸縮杆，配上幾枚 S 形掛鈎，就輕鬆搞定了「寵物衣帽間」。

▲ 罐頭開封後要放在冰箱儲存，但又不適合放在家裏的大冰箱中，最好的辦法就是準備一個小冰箱，4～6 升就足夠，存放寵物的食物或藥品。

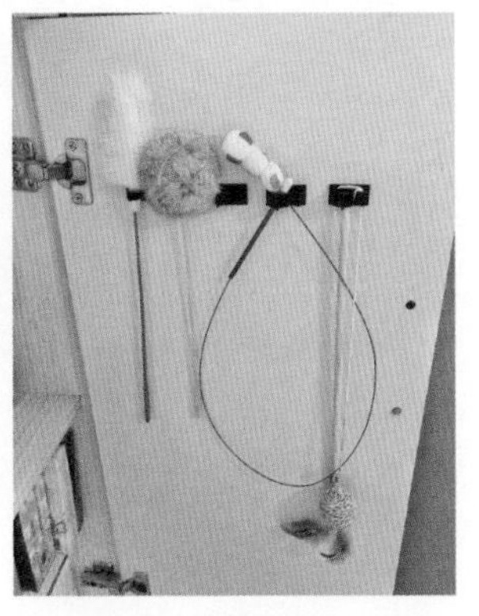

▲ 逗貓玩具都是長條形，適合收納在櫃門內，打開就能取用，關上門完全看不見，不會讓家裏顯得雜亂。

車子，不是你的「移動雜物箱」

有些人有這樣一個壞習慣：面對不願意扔的東西，心裏想着「也許哪天會用到吧」，就把東西往車裏一扔。房子有固定時間整理，車卻始終雜亂無章。

要知道，車子不是你的「移動雜物箱」！

如今私家車可以說是我們「移動的家」，整齊的收納、整潔的環境對於開車的心情、乘坐舒適度甚至我們的健康都大有益處。

怎樣保持良好的車內環境？首先就要來一次徹底的整理。

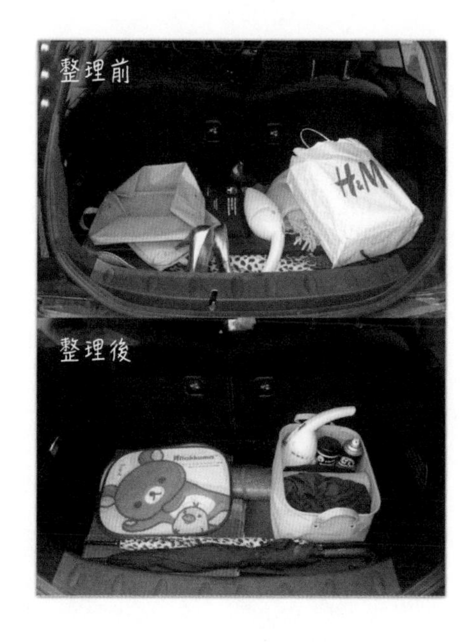

step 1 清潔

說到清潔，有人會說，去 4S 店做保養不就好了？

的確，4S 店可以給車子做一次深度清潔，但他們絕對不會幫你做物品整理這樣私密的事。而車裏物品太多就是導致車內雜亂的重要原因。

為了讓清潔變得更方便，我們可以掌握一些「偷懶」的小方法。

▲ 首先要做的是拿出所有車子裏的東西，重新審視下車內空間，用車用吸塵器進行一次徹底的打掃。

▲ 利用舊的烘焙模具作為置物底盤，弄髒了及時更換，是不是順手又方便？

▶ 車內擺放垃圾桶或垃圾袋，每天的垃圾都及時清理。

step 2 整理常用區域

車子的常用區域是指前後兩排座位。只要明確這些區域的主要功能，就能快速知道應該收納哪些物品。

對於司機來說，開車時想要隨手就拿到的東西都應該收納在座位附近，比如：零錢、紙巾、加油卡、充電器、水杯等。

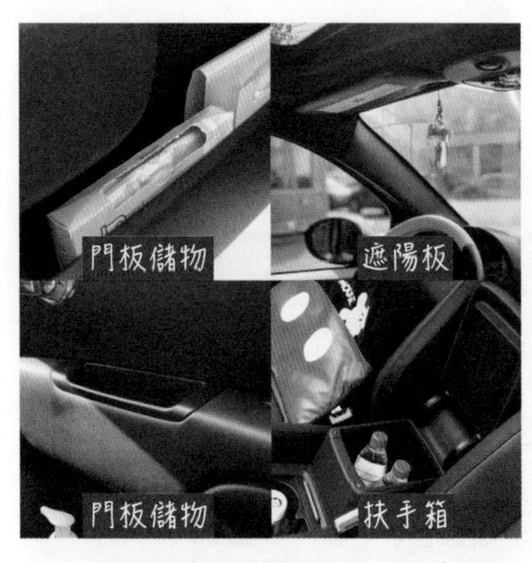

▲ 車內適合儲物的收納空間有：扶手箱、車門儲物、遮陽板等圍繞司機位的儲物空間。

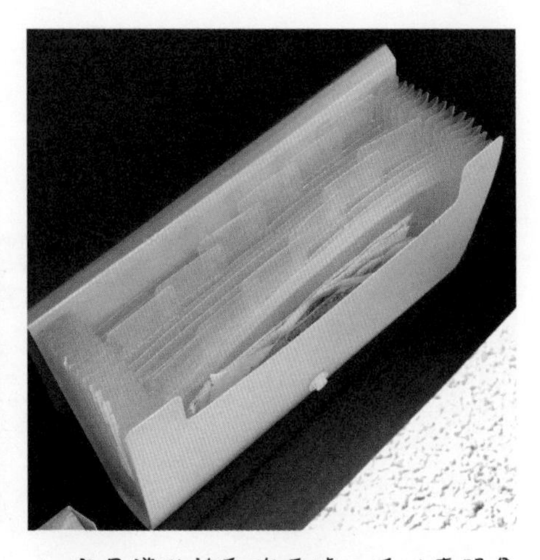

▲ 容易導致雜亂的票據，可以專門集中收納在一處。在門板儲物空間放置一個開放式文件袋，定期進行整理即可。

有了孩子之後，車子裏又會多出很多物品，比如孩子的玩具、書包等。

▲ 司機以外的座位，通常都是供客人乘坐，只要配備諸如車載垃圾袋、洗手液、消毒濕巾等客人會用到的物品即可。切勿放太多雜物，利用率不高而且拿取很不方便。

▲ 可以在車座的後面掛一個萬能的收納掛袋，將孩子的物品分類收納，既保持了整潔，還能培養孩子的收納意識。

step 3 整理車尾箱

車尾箱的收納要求是：只放置兩類物品：應急物品、大件必需品。

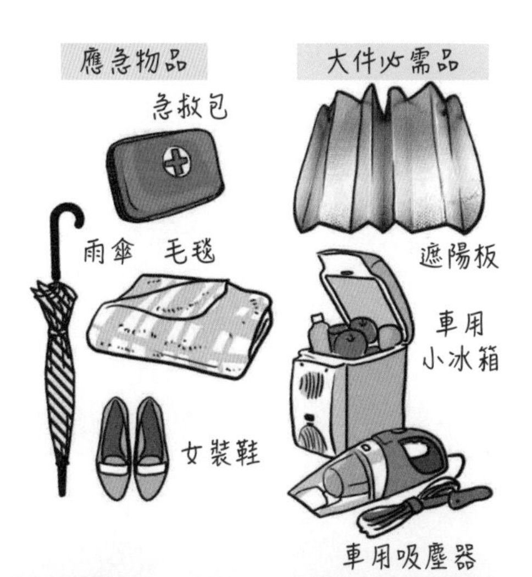

▲ 收納時盡可能用一個收納箱或是收納袋將物品裝在一起，騰出 80% 的車尾箱空間，以便能隨時用來裝載物品。

衣物整理篇

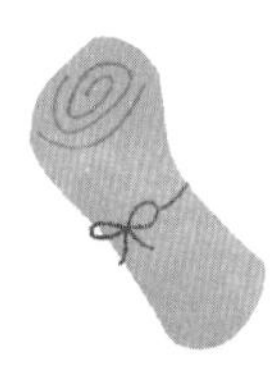

衣服的整理收納

你會疊衣服嗎？

我們從小就學着做家務，但疊衣服這件事，你有沒有花時間研究過呢？雖說疊衣服的方法沒有統一標準，但是掌握不同的衣服疊法，從中找到最適合自己家的方法，做起家務來既省了時間又省了空間，何樂而不為呢？

1 基本疊衣法

豆腐磚法

將衣服疊成一個可以立起來的豆腐磚，這是日本整理大師近藤麻理惠提出的衣服收納方法。

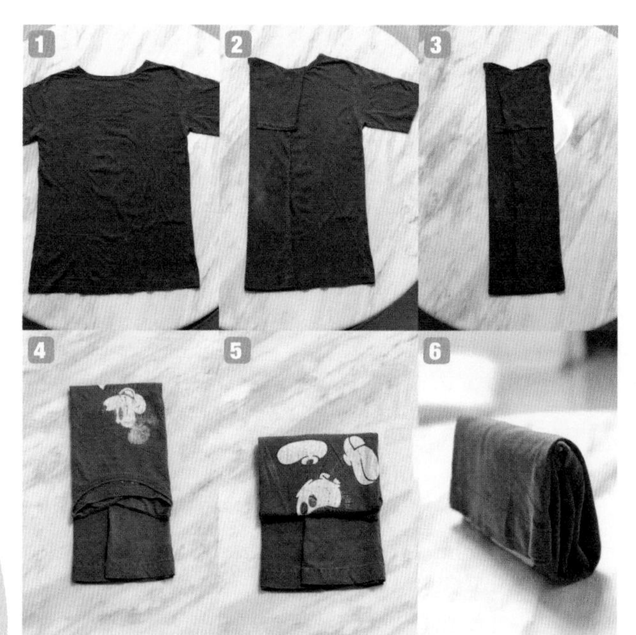

▼ 豎立其實不僅指橫向直立，如果你的收納箱高度超過20厘米，將衣服側立也能讓取用變得方便。

▲「豎立」這個動作能保證每件衣服相互獨立，取用時互不影響，相比傳統的堆疊方法更受歡迎。

雞肉卷法

將衣服捲起來收納，是最省空間的方法。

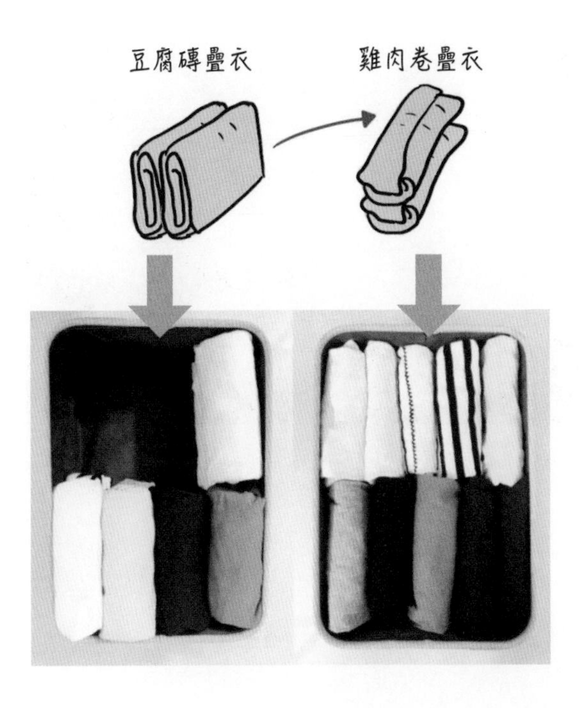

◀ 衣服從「豆腐磚」變成「雞肉卷」，原本一件衣服的高度，能容納兩件衣服，衣服更易被疊放。

◀ 在同一個收納籃筐中，用雞肉卷疊衣法騰出了三分之一空間。

▶ 雞肉卷疊衣法的好處還在於，能將衣服緊緊包裹住，是出門旅行整理衣服的最佳方法。但雞肉卷法不適用於日常衣櫥整理，因為衣服堆疊之後，下層的衣服常會因為看不見而忘記穿著。

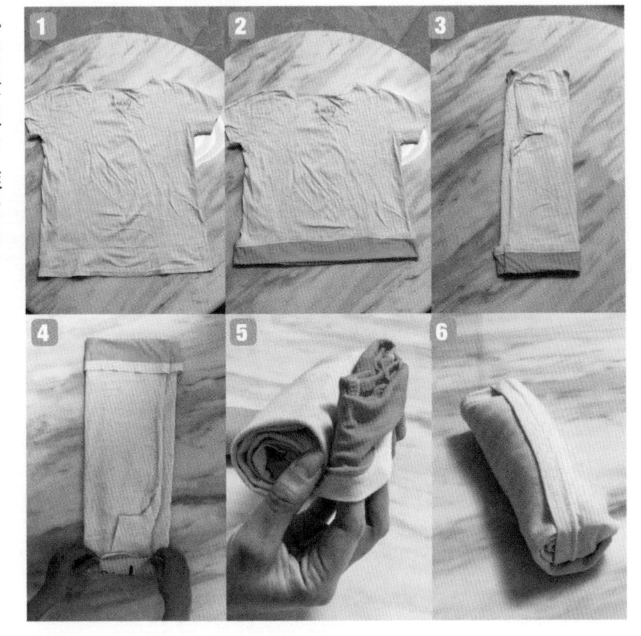

懶人疊衣法

想要將衣服疊得又快又好，不如試試「神器」疊衣板。

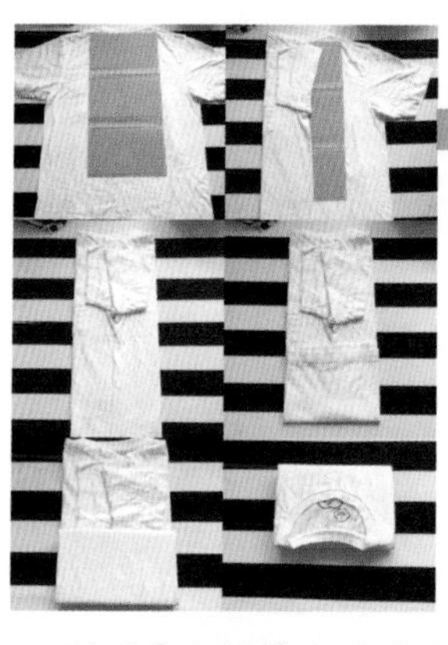

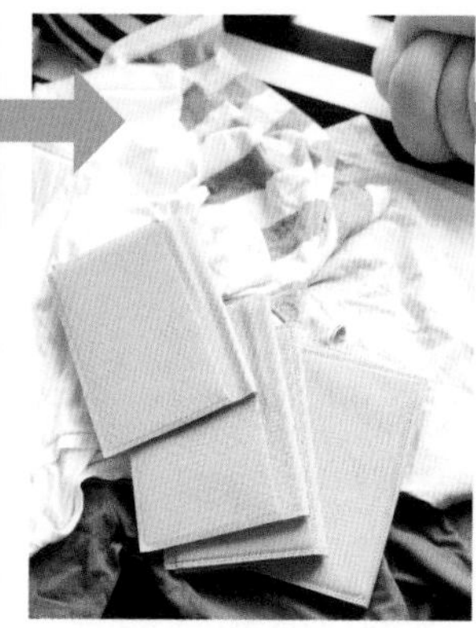

▲ 利用疊衣板疊出來的衣服，每件高度、寬度相等，樣子挺括，收納起來能最大限度利用空間。

毛衣

毛衣掛久了，肩膀處會有凸起，所以很多人覺得毛衣不能懸掛。其實只要買小一號的女士衣架，毛衣完全可以懸掛收納。

這個方法適合以下三種毛衣：

特殊質地的毛衣，掛久了肩線也不會下滑。

高領毛衣，有效避免領子被衣架撐開。

一字領毛衣，領子大，普通衣架掛不住。

▲ 現在市面上的女士衣架寬度是37～38厘米（正常衣架寬度是41～42厘米），其實所有衣服都可以使用這樣小一號的衣架。

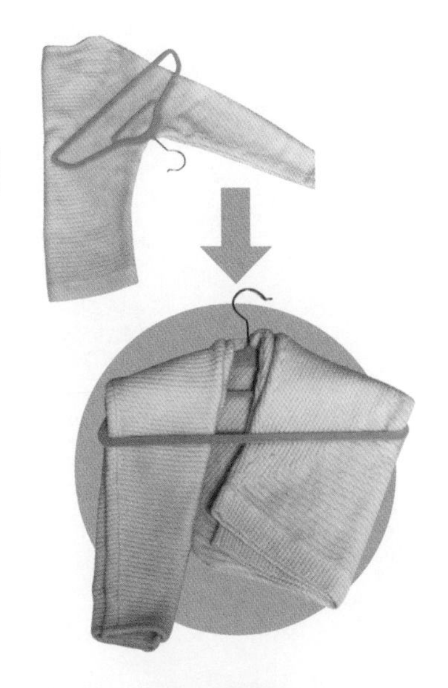

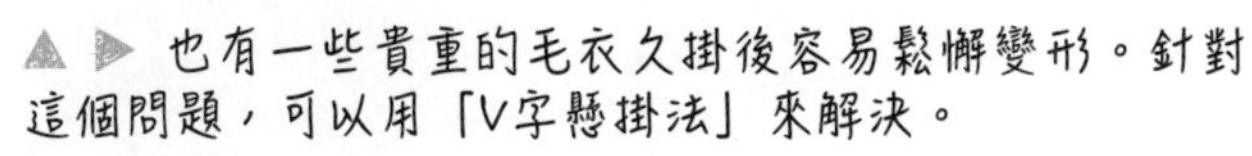

▲ ▶ 也有一些貴重的毛衣久掛後容易鬆懈變形。針對這個問題，可以用「V字懸掛法」來解決。

冬衣

每到冬裝換季時，工作量總是特別大。有些人一股腦把冬衣全部塞進壓縮袋，一壓縮了之。但實際上壓縮袋並不是萬能的。羽絨、蠶絲等材質長時間壓縮放置會產生不可逆的傷害，例如壓縮袋會影響羽絨的蓬鬆度，直接影響衣服的保暖效果。

除了壓縮以外，冬衣還有這些收納方法。

1 對折法

▼ 將衣服三折或是對折，充滿整個收納箱，折疊後的冬衣寬度與收納箱保持一致。

▼ 收納帶毛邊帽子的大衣時，將毛毛藏進帽子裏。

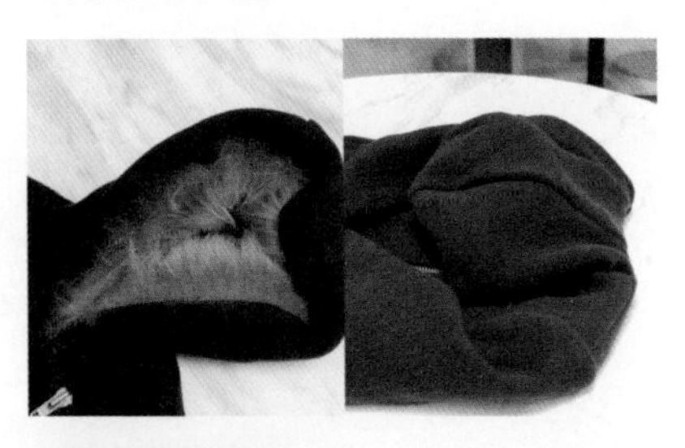

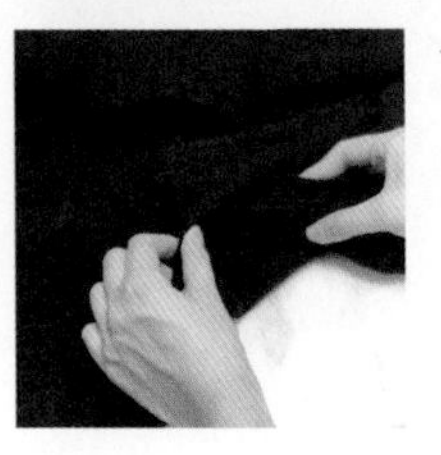

◀ 收納有腰帶的大衣，腰帶放進大衣的口袋裏一起收納，以免遺忘。

2 懸掛法

這種方法適合有獨立的衣帽間、不用換季的人。大衣套上防塵袋懸掛在衣櫥裏，尤其適合怕皺的大衣。

過長的衣服如何巧妙的懸掛起來呢？用一個褲架就能輕鬆搞定！

◀ 用褲架夾住外套的一端，掛鈎勾住衣領處的衣架，就能將長款的羽絨服對折懸掛。

3 口袋折疊法

將衣服的下擺視作一個口袋，將衣服的正身折疊進去，這樣疊出來的衣服不容易散掉，非常適合空間小的衣櫥。

家居服

每天都要穿的家居服，不用特意折疊成豆腐磚，只要用你覺得最順手、最省時的方法折疊即可。收納時注意成套收納，找起來會方便很多。

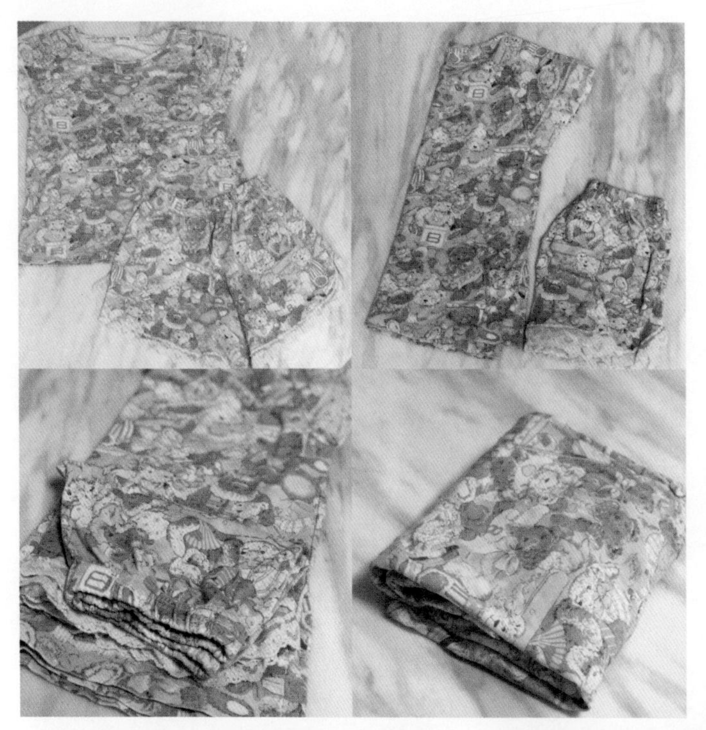

◀ 短袖家居服套裝，把褲子包進衣服裏。

▼ 家居服按照季節分別收納在兩個收納箱中，換季的時候只需要將抽屜抽出來顛倒一下就行，達到了使用上的最大便利。

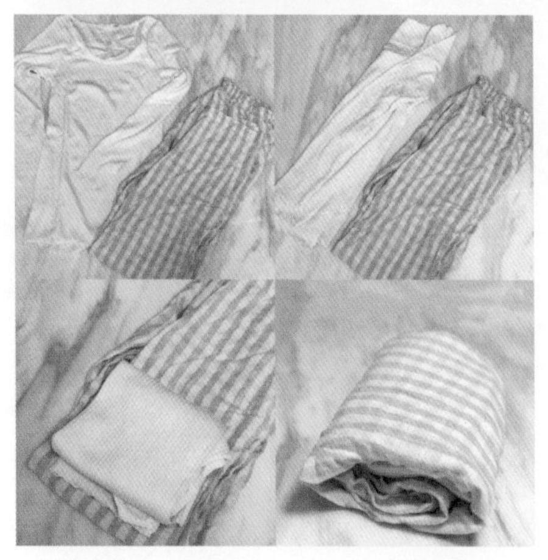

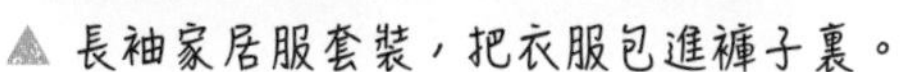

▲ 長袖家居服套裝，把衣服包進褲子裏。

健身服

現在人們跑步、做瑜伽幾乎都有專門的衣服，裝備很齊全。這些衣服應該如何做到完美收納呢？

帶胸罩的運動背心

▶ 從側面開始將背心捲起來，扭轉肩帶，將背心綁起來，防止背心散掉。由於運動背心本身有彈性，用肩帶綁起來並不會對衣服本身造成損傷。但這種方法不適合收納普通內衣。

不帶胸罩的運動背心

▲ 參照雞肉卷法（第71頁），下擺處翻起一條邊，將背心三折後捲起來。

運動短褲

▲ 把褲子三折後，將褲腳塞進褲腰，變成一個封閉的小口袋。

運動長褲

▲ 和短褲的收納方法相似，褲子三折後將褲腳一點點捲起來，最後塞進褲腰，變成一個鼓鼓囊囊的小包。捲的時候稍稍花點力氣，如果褲子捲得很鬆散，褲腳不容易塞進褲腰。

帶帽子的運動外套

▲ 將衣服三折後捲起來，塞進帽子裏，不管是帶出門還是放在衣櫥裏都不會散掉，拿起來超順手。

健身服的收納要點：集中收納

▶ 不管是在衣櫥裏還是抽屜裏，一定要有一塊獨立的區域存放所有的健身服。

不少人還會煩惱家裏的運動裝備該如何收納？

不建議大家購買大型的健身器具放在家裏，一方面很佔地方，另一方面，一旦買回來你就會有「反正健身很方便，我以後有空再練吧」這樣的想法，健身的次數反而不如以前了。

▶ 小件裝備，比如瑜伽墊、彈力繩，集中在家裏的某一處收納即可。

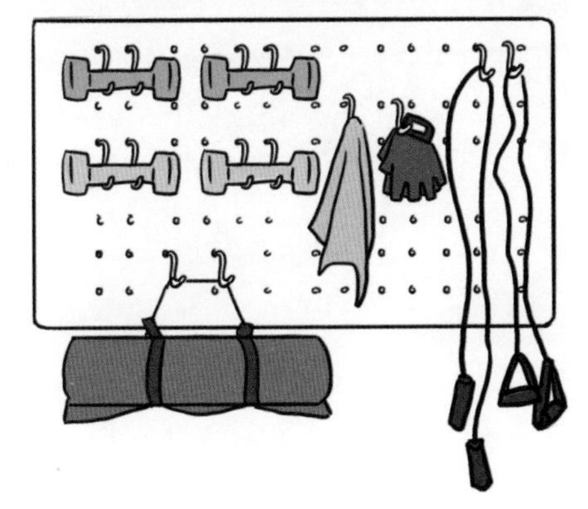

內衣

內衣是最貼身的衣物，平時利用率最高，好好對待它們就是尊重我們自己。

▶ 內衣收納時要搭好搭扣，這麼做可以防止內衣變形。肩帶藏起來收納也會更雅觀。

▲ 市面上有一種帶塑料隔層的內衣專用收納盒，非常適合一些貴重的內衣，保證不受擠壓變形。

▲ 內褲收納最重要的是保證衛生，我常用的收納法是：將內褲三折，然後將襠部塞進褲腰裏，變成一個不會散的獨立小包裹。

襪子

襪子的收納方法並不固定，不同的襪子有不同的適合方法。

隱形襪

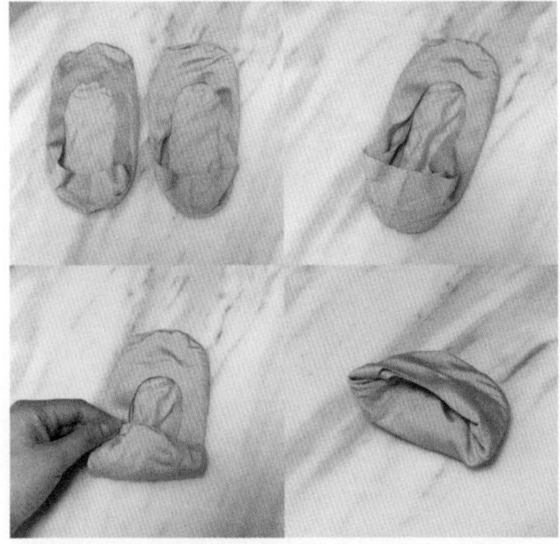

▲ 將一隻襪子塞進另一隻裏，從襪尾開始捲，塞進襪頭。

船襪

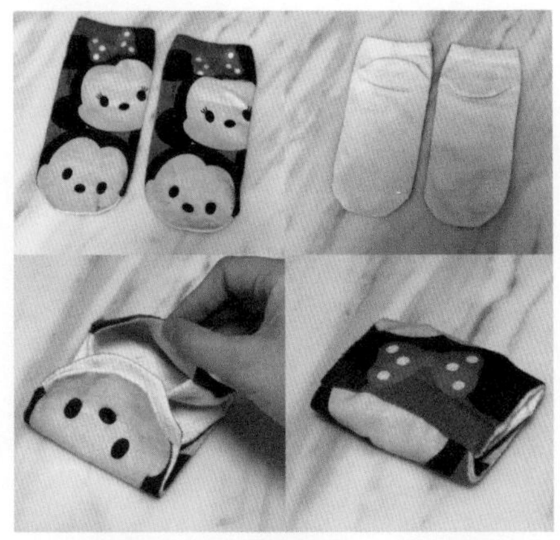

▲ 將襪跟上下相對疊起，襪頭塞進襪口，變成一個小包裹。

短筒襪

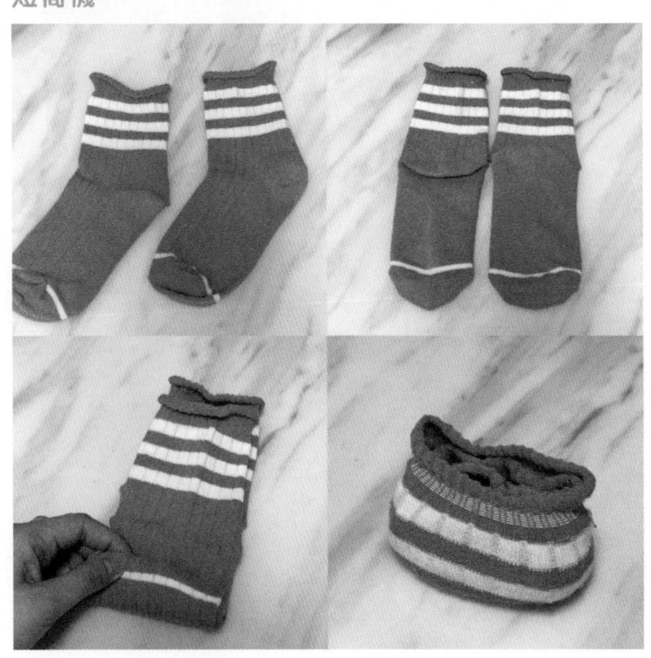

◀ 將襪跟上下相對疊起，然後從下向上捲，最後用一隻襪子的襪口反向包裹住整雙襪子。

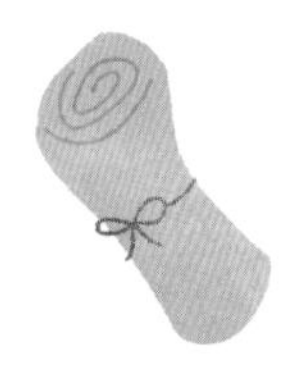

手袋的整理收納

整理的意義就在於讓每一件物品都各得其所，這樣做不僅僅是讓自己使用方便，更是對物品本身的尊重。

如今不少女生都喜歡買手袋，甚至花費不菲。那麼貴買來的手袋，你是否真的會好好收納呢？

衣櫥中的手袋

手袋一定要集中且固定收納在一個地方。有人喜歡將手袋和衣服放在一起，方便做整體造型搭配；也有人會在玄關收納，出門時再進行挑選。

如果家裏空間足夠大，在衣櫃或衣帽間設計之初，就應當根據手袋數量，預留出足夠的收納空間。對於空間小、手袋多的人，可以利用一些工具讓手袋的收納變得更省空間。

1 文件盒

◀ 用文件盒收納手袋，最大的好處就是能把手袋豎起來。像這樣一個A4文件盒，能放下4個長方形的小包。

▶ 對於不夠硬挺的手袋，文件盒還能起到很好的支撐作用。比如信封包、手拿包。

2 書立

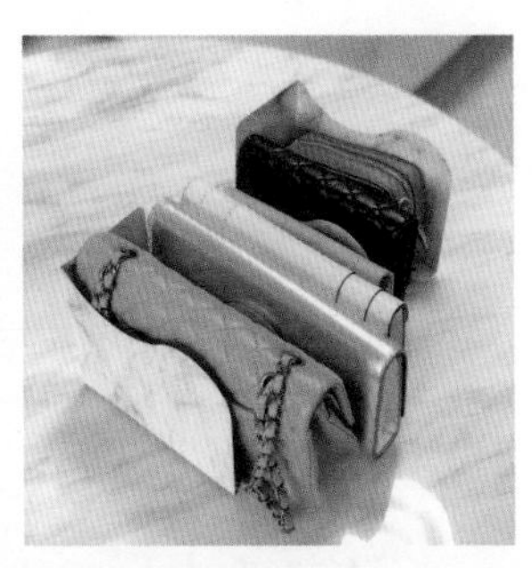

▲ 書立有兩種用法，第一種是像平常擋書一樣，把手袋擋起來，目的也是為了讓手袋豎起來。對於無法放下文件盒的收納格子，書立的作用更明顯。

▲ 第二種方法是選擇一款可以伸縮的書立，把手袋插入書立之間的空隙。由於書立有伸縮性，手袋之間的間距就能手動調整，非常方便。

3 收納掛袋

▶ 如果你的手袋數量不多，那僅用手袋專用收納掛袋就能解決收納問題了。

關於手袋收納，你還要知道的四個小提示

Tips 1 用填充物防止手袋被擠壓變形

有的手袋自身的金屬配件很重，皮質又很貴重，如果不使用填充物，手袋會壓出褶皺。

▶ 填充物首選禮品盒裏自帶的乾燥紙，舊的抱枕也是非常實用的手袋填充物。千萬不要用報紙，時間長了手袋表面會染上油墨，很難清洗掉。

Tips 2 鏈條塞進去，套好防塵袋

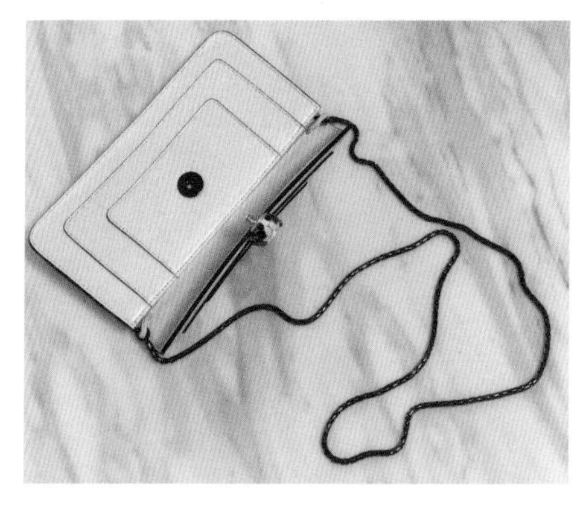

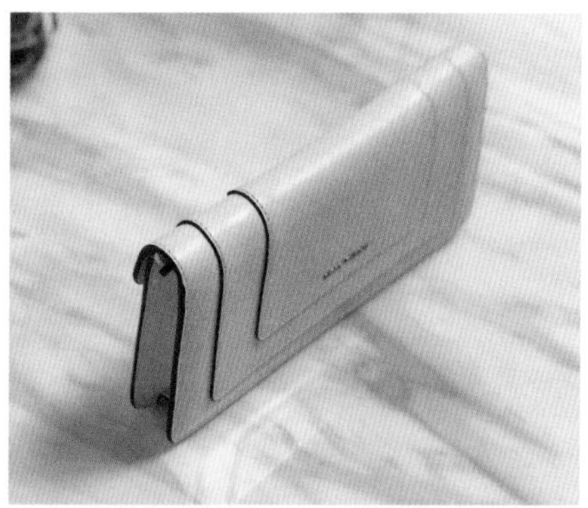

▲ 手袋收納時，鏈條一定要塞到袋裏，避免互相纏繞。

▶ 手袋要用防塵袋裝好。尤其是一些貴重的手袋，防塵袋能防止袋與袋之間相互摩擦。

Tips 3 不要大袋套小袋

▲ 有些人喜歡用大袋套小袋的方式收納手袋，以為可以節省空間。但實際上，這樣做會導致你因為看不見大袋裏的小袋而忘記使用。

Tips 4 不要將手袋掛起來收納

▼ 有些人愛用衣帽架把手袋都掛起來收納，但提拉很容易使手袋變形，減短皮質包的壽命。如果一定要懸掛，只能懸掛棉麻質地的帆布袋和草編袋。

隨身袋

不少人喜歡揹大手袋，尤其是夏天，雨傘、濕紙巾……出門時恨不得塞下所有東西。可是所有東西都往裏扔的結果就是，每次進出地鐵站，一張八達通就得找半天。

所以，對於大袋和沒有隔層的中等袋，建議大家使用一種收納神器——袋中袋。袋中袋如何使用呢？

1 固定每個口袋中的物品

袋中袋口袋多，但是都長得一樣，從外面很難辨別裏面放了甚麼。所以一旦確定了擺放的物品位置，最好不要隨意變動，養成習慣取用。

▲ 鑰匙、耳機、八達通……這些每天都要使用的物品放在外側口袋，一摸就能拿到，就是最佳位置。重要的物品，比如錢包放在內側。

2 零散的物品分類集中收納

◀ 零散物品按照類別集中用小袋收納，比如化妝品用化妝袋收納，補妝時只要拿出整個小袋就行。

3 袋中袋本身就能起到隔開物品的作用

袋中袋也分為兩種，一種有多個口袋，能起到分類收納的作用。另一種就是一個內膽袋，比如水桶袋的袋中袋，幾乎沒有小口袋。

▶ 直接以袋中袋為界限，內部和外部分別收納不同的物品。

錢包

很多女生都有這樣的困惑，明明袋裏沒放甚麼東西，可就是很沉，到底是怎麼回事？不妨拿出你的錢包看看，是不是該做一次「斷捨離」了？

1 各種票據

車票、收據……付完款就會隨手把這些票據放進錢包，久而久之，你的錢包就愈來愈鼓。

▶ 無用的票據每週清理一次，如果是重要的或者還有用的票據，比如待報銷的發票等，單獨找地方集中保存，不要讓它們繼續留在錢包裏。

2 各種卡片

銀行卡、會員卡、積分卡……很多人喜歡把整個錢包的卡槽都放滿。但實際上，現在大部分商場都有電子會員卡。

▶ 建議平時只需帶上自己最常用的兩三張銀行卡就足夠了。

隨身揹的手袋、用的錢包，最好每週都能整理一次，讓物品也能自由呼吸，整個人都會感覺輕鬆了！

配飾的整理收納

配飾是我們生活中必不可少的一部分，配飾的種類非常多，如首飾、圍巾、帽子等，這些物品各有特點，收納起來也要用不同的方法。

帽子

帽子收納不當很容易變形，最好的方法就是「疊起來」！

◀ 寬簷帽、小禮帽都可以疊起來收納。收納時注意，帽簷按照從大到小往上疊。這樣每頂帽子都能看到，方便日常搭配。

▲ 夏季

▼ 冬季

帽子收納的另一個要點，就是「不換季」。可以用衣櫥裏的一個拉籃或一個抽屜把一年四季的帽子都收納在一起，省去了換季的麻煩，任何時候想要用都能一秒找到。

但是集中收納並不是一股腦都丟在一起，要記住：當季的帽子放在過季的帽子之上，使用頻率高的帽子放在使用頻率低的之前。

▲ 貝雷帽、毛線帽可以捲起來收納。

▲ 鴨舌帽折疊之後排列收納。

滿足下面條件之一，可以使用懸掛的方法收納帽子：

衣櫥內或者衣帽間內有足夠的懸掛空間。

帽子的數量不多，全部懸掛出來也不影響美觀。

經常需要佩戴帽子，隱藏收納會導致自己忘記佩戴。

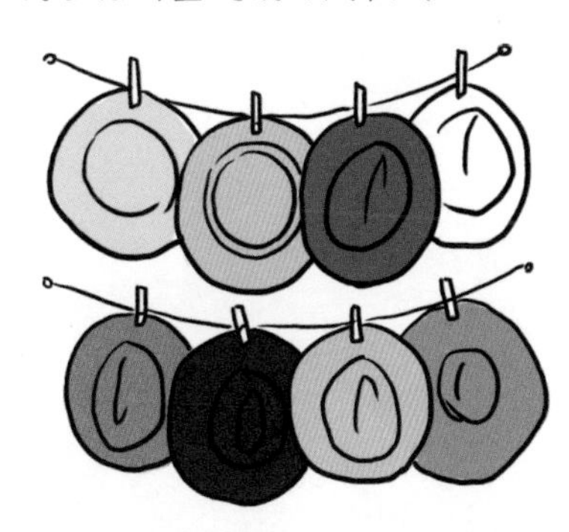

▲ 掛杆加掛鈎收納，沒有掛杆也可以用衣架代替。這種方法適合懸掛所有的帽子，但是佔空間較大，要確保家裏能騰出這樣的牆面空間。

圍巾

女人的衣櫥裏圍巾一定少不了，為了搭配好看的衣服，要買條吸睛的圍巾，或出席喜慶場合穿的露肩禮服裙要配條披肩，圍巾是讓你在人群中更出眾的法寶。圍巾這麼好用，當然也要好好收納。

圍巾的收納只有掛起來和捲起來兩種方法。輕薄的、怕皺的圍巾採用掛起來的方法最佳，厚厚的羊絨圍巾、大件披肩捲起來更省空間。

◀ 普通的衣架每次只能掛一條圍巾，空間利用率非常低。在懸掛圍巾時，要選擇專用的多功能衣架。

▶ 像這樣的衣架，不僅能同時收納幾條圍巾，還能豎向利用衣櫥高度，不佔用衣服的空間。

▲ 不少圍巾帶有流蘇，捲的時候記得把流蘇藏在圍巾裏，底部留出一小部分空間，這樣捲起來才能把流蘇完整包住。

▲ 一年四季的圍巾都集中收納在衣櫥的拉籃裏，不用換季收納，搭配衣服時能隨時找到，省時又省力。

眼鏡

眼鏡和墨鏡收納時不能擠壓，要有獨立的抽屜存放。

◀ 眼鏡盒豎立收納更節省空間。

▲ 如果眼鏡多而且佩戴頻率較高，可以用專用收納盒，將所有眼鏡、墨鏡收納在一起。這種收納盒非常適合出門旅行，防止眼鏡受擠壓變形。

◀ 要在洗手間和床頭有固定的眼鏡收納位置，因為我們通常會在這兩個地方摘下眼鏡，有了固定的位置，就不用擔心找不到了。

首飾

每個女孩子都有不少好看的首飾，首飾除了佩戴之外，還可以作為家裏的裝飾品。

▲ 誇張的首飾掛在牆上收納，視覺上有衝擊效果。但首飾露出太多，很容易顯得雜亂，而且裸露收納會讓飾品容易氧化，不利於保存。

▲ 有些人喜歡用造型別致的首飾收納架，讓它們成為家裏的裝飾。但這種收納架容量有限，首飾多的人就不夠用了。

推薦使用透明的收納抽屜盒存放首飾，阿加力膠或玻璃質地都可以。

▶ 全封閉的首飾盒能夠避免飾品過快氧化，抽屜式的設計取用更方便。

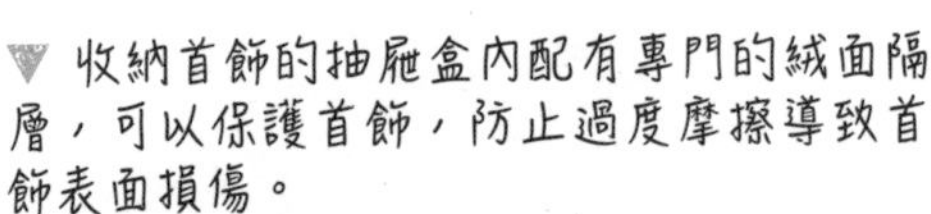

▼ 收納首飾的抽屜盒內配有專門的絨面隔層，可以保護首飾，防止過度摩擦導致首飾表面損傷。

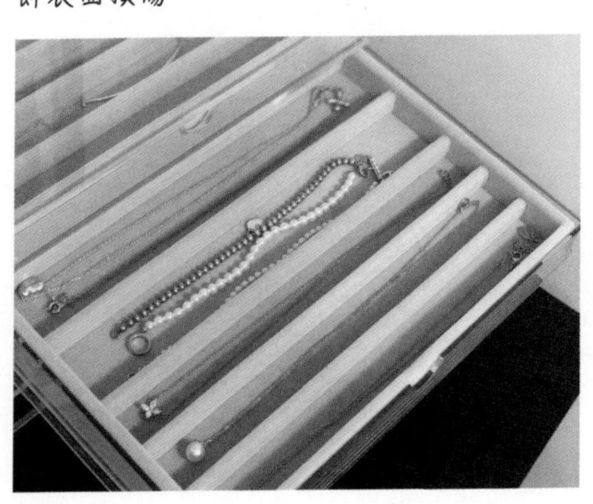

▶ 首飾擺放要有一定間距，不能太緊湊，防止過細的首飾互相打結。

首飾收納在哪裏最合適？

收納前問問自己，最常戴上首飾的地方是哪裏？是每天換衣服的衣帽間，還是大門口？

▶ 衣帽間的抽屜櫃、化妝台邊、玄關都是理想的收納場所。

首飾的包裝盒需要保留嗎？

雖然說「斷捨離」就應該捨棄掉無用的東西，但我非常理解大家的想法，首飾的包裝盒是首飾的一部分，甚至有人會將首飾作為投資等待賣出，這時包裝盒就更不能丟棄。

▶ 只要家裏的空間夠用，完全可以適當保留自己喜歡品牌的首飾包裝。用大盒套小盒的方法，盡可能節省空間。

鞋子的整理收納

鞋子多，鞋櫃塞不下？鞋盒一堆堆，找起來超費勁？這應該是眾多「蜈蚣精」的煩惱。你家需要一次徹底的鞋子整理！無論你的鞋子有多少，都可以輕鬆搭配和收納。

鞋子整理的三步：斷捨離 —— 分類 —— 收納

step 1 會「斷捨離」的人，能保持理性的消費觀

如果鞋子舊了、破了，你必然會「斷捨離」，而我們扔不掉的，往往就是那些看着簇新而平常很少穿的鞋子。你有沒有想過，這雙鞋子之所以這麼新，就是因為你穿得少啊！

▲ 看上去很新的鞋子，正是因為你不常穿它們。

所以整理時要拋開曾經投射在物品上的情感，專注地思考現在你需不需要這雙鞋子？你還適不適合這雙鞋子？你還喜不喜歡這雙鞋子？這就是我「斷捨離」時的判斷標準。

「斷捨離」完成之後，重新審視留下的物品，就會發現自己現在最需要、最適合、最喜歡的是甚麼，下次買鞋的時候你就能擺脫衝動，只買需要的就夠了。

step 2 分類可以讓整理變得更高效

分類的目的是為了讓取用更方便，每個人的生活習慣都不同，所以並沒有統一的分類標準，符合收納空間又能滿足你的日常所需就是

最好的。

我把鞋子分為三類：

不常用但必要：這類鞋子你平常可能很少穿，但參加婚禮等場合想要「秀一秀」時都會穿。

常用但頻率低：這裏的使用頻率低是相對的，如一年四季只能穿一季的鞋子，比如夏天的涼鞋、冬天的雪地靴。

常用且頻率高：一年四季都好穿的鞋子，或者是經典百搭，比如平底鞋、運動鞋。

step 3 收納妙招

家裏空間足夠的話，可以將全家人的鞋子都收納在一處。如果家裏空間有限，分兩處收納鞋子最合理。

▲ 常用的鞋子收納在玄關鞋櫃。

▲ 不常用的鞋集中收納在鞋櫃裏，如果是在家裏的儲藏室收納鞋子，可以用統一的鞋盒進行收納。

◀ 如果有獨立衣帽間，可以定製一個專屬鞋櫃收納四季的鞋子，免去了換季的麻煩。

▼ 不論是玄關還是鞋櫃，都要根據鞋的高度預留高跟鞋、長靴的收納空間。

▲ 招待客人的拖鞋專門放在一個籃筐裏收納，既省下了空間，要用的時候就能馬上找到。

▶ 櫃門後的空間稍加利用，就能放下常用的拖鞋，打掃起來也會更方便。

▲ 鞋子一前一後擺放比普通擺放能多放下一雙鞋。

▲ 用形狀統一的牛皮紙鞋盒，要比大大小小形狀不一的鞋盒更省空間。

▲ 有些鞋子一儲存就是大半年，為了下一季快速地找到鞋子，要做好標籤。建議用照片作為標籤，更直接，也方便搭配。

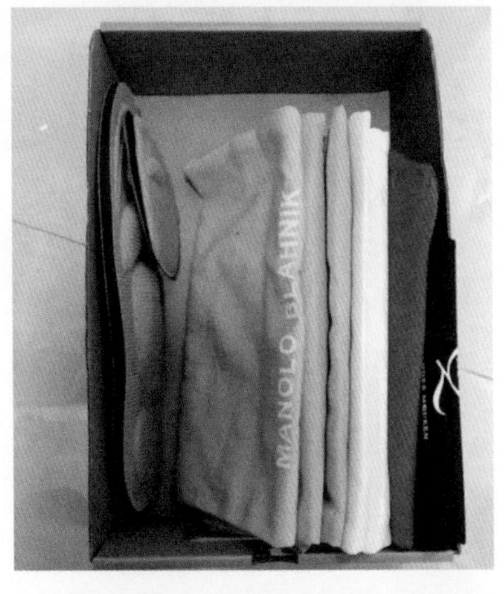

▲ 單獨預留一個鞋盒給鞋子的配件。鞋子的不織布袋不用全部留下，只要保留幾件質量好的，以便帶出門的時候使用。

◀ 在櫃門後懸掛一個掛袋，收納擦鞋布和鞋油這些工具。

物品存在的目的是為我們服務，不管是衣服、鞋子還是生活用品，只有保持理性的消費觀，才能享受舒適的輕質生活。

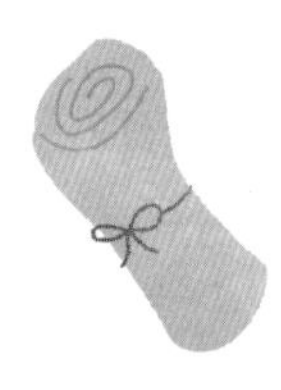

書籍的整理收納

提到扔書，很多人覺得不能接受，但其實仔細想想，你所看的每一本書是不是都對你有用呢？買書時我們也許是被書名吸引，但買回來之後發現自己對書的內容並不感興趣，甚至沒看幾頁就放棄了。這樣的書還需要保留嗎？

判斷一本書該不該保留，標準只有一個，就是未來你還會不會再使用這本書。有些書語句精練、感情充沛，讀後回味無窮，還想再讀，這些書當然不能扔；有些書專業詳細、授業解惑，總能在其中找到問題的解決方法，這些書也扔不得。

總有一些介於保留和扔掉之間的書，怎麼辦？

相信很多人都有這樣的困惑，有些書，保留的話可能不會再看，扔掉萬一以後還會用到，怎麼辦呢？

分享一個我自己的習慣，看書時做筆記、標注：如可以直接拿來引用的內容、某個讓自己茅塞頓開的知識點，或一時半會兒理解不了的內容。

標注重點是幫助記憶非常有效的辦法，同時貼上一張標籤，方便自己以後翻閱。

▲ 看完書後，標注多的書就留下，標注少的書，只需要將標注的內容拍個照片或記錄在電腦裏，用電子化的方式保留一本書對你最有用的精華部分即可。

書櫃裏那些沒看過的書怎麼辦？

整理書籍時，好多人會發現自己原來有這麼多新書。我們買書時一定是因為這本書是自己喜歡的書，有時是一心想要培養愛好的陌生領域，有時又代表着對生活的一種美好期待。

但是像這樣的新書也不能無限地囤下去。給自己規定一個新書總量，只有看完一本才能再買一本。嚴格遵守這條規定，就能督促自己儘快將喜歡的書看完。

▲ 我收藏着一本如何做早餐的書，幾乎沒看過，但我也不會把它扔掉。因為目前在工作飽和的狀態下，我沒有時間研究，但是相信等自己能夠騰出一段空閒時間時，會去翻閱這本書。

如何把書籍收納得整齊好看？

書籍想要收納得整齊、好看，需要進行分類。分類可以按照自己對書籍的不同定位。

我把書分為興趣類、專業類、工具書、珍藏書等。這樣即使書的數量再多，找起來也能有的放矢。

歐美有些家居收納專業人士更追求書籍和家居環境的整體美觀度，會根據家裏的整體色調來選擇購買甚麼顏色的書籍。但在實際生活中，操作難度較大。

如果你的書架放在客廳，對美觀程度要求會比較高，這裏有兩個保持書架整體美觀的小方法：

把書的封皮扔了，只保留書本身的封面。此時你會發現，市面上很多書的封面顏色都非常簡單，不會過於花哨，讓你的書架顯得凌亂。

給所有書包上統一的書皮。這個方法不止能統一顏色，對書籍本身也是一種保護。當然會花費你一點兒時間。

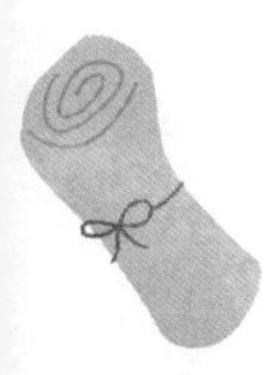

雜物的整理收納

不少人都有這樣的體會，搬進新家後，看着家裏地方很大，可住着住着東西就愈來愈多，物品總沒有地方放。

生活中除了衣服、鞋子外，還有很多雜物。這些雜物日積月累，如果收納不當，會嚴重破壞家裏的整潔和美感。

電線

家裏各種各樣的電線怎麼整理都覺得亂，非常惱人。要收納得整整齊齊又用得順手，到底有哪些方法呢？

1 簡易方法

▶ 用專門的綁線搭扣（右一和右二）收納數據線，這樣的小工具非常適合隨身攜帶的耳機線和數據線收納。如果沒有綁線的小工具，普通的長尾夾一樣可以收納數據線。但是這兩種工具都只適合比較短的數據線。

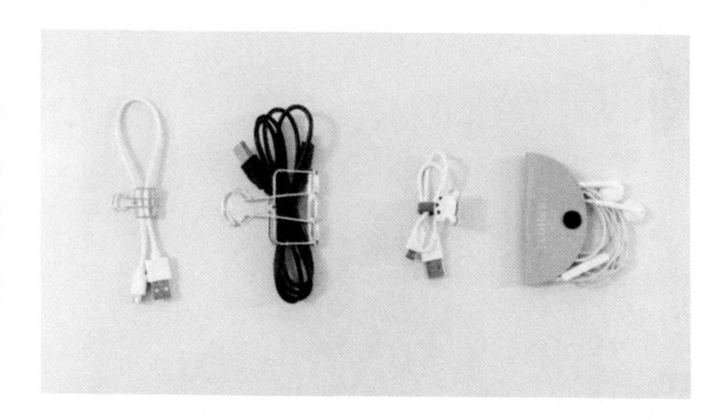

2 綑線法

▶ 長一點的數據線怎麼收納呢？最好用的莫過於魔術貼綁帶。這種綁帶的一面是勾毛，可以黏貼，隨意剪裁。不僅可以用於數據線，還能用來綑綁網絡線、電視機電源線等。

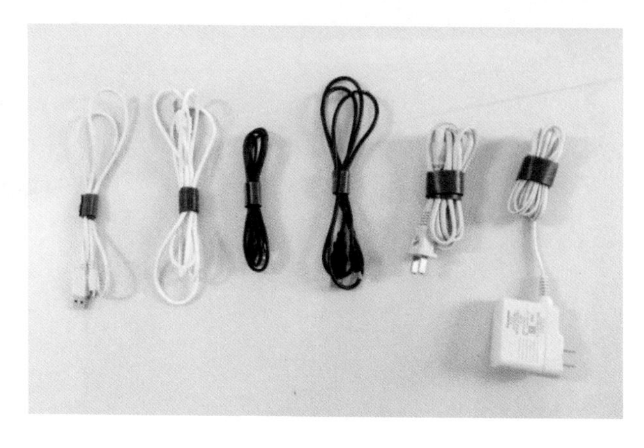

3 固定法

▲ 家裏的大型家電，比如空氣清新機、電視機等，位置不會經常移動，可以把電線固定在牆上。使用的是電線專用固定器。

4 集合法

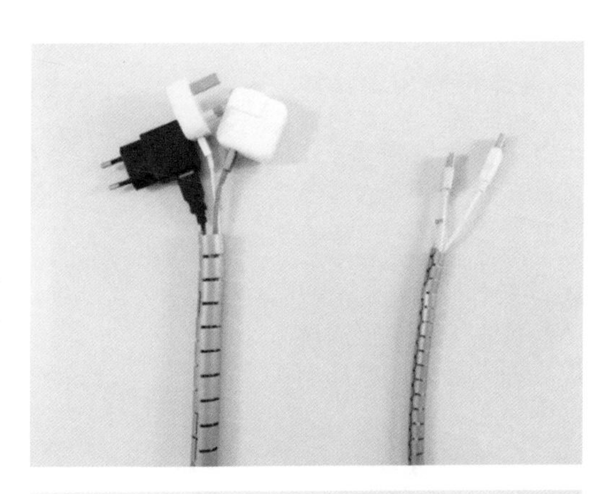

▶ 電視機、電腦後面通常有多條電線纏繞，不僅不美觀還容易積灰塵。集電線收納管可以把電線都聚在一起，「化零為整」更利於清潔。

5 桌面理線器

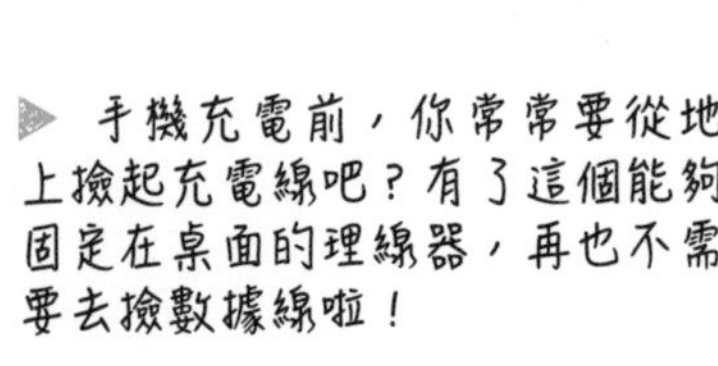

▶ 手機充電前，你常常要從地上撿起充電線吧？有了這個能夠固定在桌面的理線器，再也不需要去撿數據線啦！

家庭文件

▲ 說明書集中收納在文件盒內，控制文件盒的數量，一旦說明書太多，就需要「斷捨離」。

家裏的重要文件、說明書雖然使用頻率不高，但是需要使用時都是非常緊急的時刻，所以既要收納有序又要易取易拿。

說明書是否都要保留？

家裏的家用電器愈買愈多，說明書是不是都需要保留呢？我建議只保留保養卡就足夠了。有些說明書厚厚一本，但只有幾頁紙才是中文，有些上網就能查詢到各種電器的使用方法，根本不用保留說明書。

重要文件分類收納

除了說明書之外，家裏還有各種賬單、證件等，這些文件按照重要性分類之後，用文件夾進行收納。與家庭成員有關的文件，可以根據家庭成員來分類，每人一個文件夾。

▲ 文件夾選擇活頁式的，方便隨時增補。

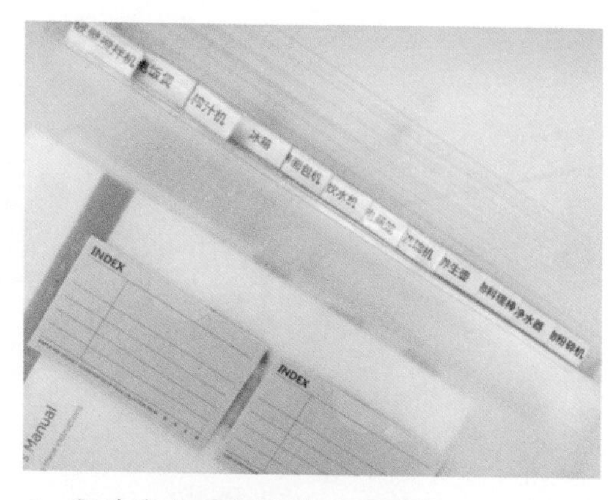

▲ 文件的合理收納離不開標籤，合適的標籤能將文件細緻分類，取用時一次找到。

行李箱的整理收納

馬上要去旅行真是令人興奮，但是有些人一想到要整理行李就頭疼，你是不是也有這樣的煩惱？其實只要掌握正確的順序和方法，打包行李就再也不是甚麼難事！

列清單

列出旅行要帶的所有東西並分類。我們每次出門要帶的行李都差不多，所以旅行清單只要列一次，之後每次旅行前拿出來查看就行了。

▶ 每個人的生活習慣不同，可以參考我的清單，再根據實際需要規劃自己的旅行清單即可。

旅遊物品核對清單

範圍	物品
隨身攜帶	現金、銀行卡
	護照、身份證
	攻略、行程表
	充電器、頸枕
電子用品	手機充電插頭、充電線
	轉換插座、拖板
	相機、自拍棒
洗漱用具、護膚品	牙刷、牙膏
	洗面乳、卸妝用品
	洗髮水、護髮素、沐浴露
	化妝棉、棉花棒
	隱形眼鏡、藥水
	爽膚水、眼霜、精華、面霜
	面膜、防曬霜、防曬噴霧
彩妝	粉底、粉餅
	胭脂、眼影
	眼線筆、睫毛膏、眼影
衣物	內衣褲、襪子、睡衣
	上衣、褲、裙
配飾	太陽眼鏡、絲巾、髮帶
首飾	耳環、頸鏈、戒指、手鏈
小物件	指甲鉗、小剪刀
	筆記本、筆
藥品	藥水膠布
	口罩、眼藥水
	常用藥

旅行前還有兩件準備工作：

制定旅行計劃，做好每天的日程安排。這麼做也是為了方便確定需要攜帶哪些物品。

查詢好目的地天氣，計劃好旅行期間要穿的衣服。夏天一天一套，春、秋、冬的衣服兩三天一套。

先決定帶哪些衣服，再根據衣服匹配手袋、配飾、首飾甚至內衣物。

step 2 分類收納

隨身攜帶的物品

隨身攜帶的物品一般都很重要，比如護照、錢包，提前放在袋裏，有備無患。另外如移動電源、頸枕這些必須帶上飛機的東西也要隨身攜帶。

電子產品袋

▲ 現在出門要帶的電子產品愈來愈多，比如平板電腦、相機、自拍設備等，專門用一個質地厚實的收納袋集中收納。我還會帶上萬能插座，避免充電插頭互相「打架」，保證晚上能給眾多電子產品充電。一定要記得多備一條數據線，因為萬一壞了，周邊未必能及時購買到。

洗漱袋

◀ 出門旅行總要帶不少瓶瓶罐罐，最好選擇旅行用的小樣裝。沒有小樣，也可以用分裝瓶。根據出門旅行時間長短，帶上不同尺寸的分裝瓶。

▼ 帶洗漱用品最擔心有滲漏，剪一小塊保鮮袋覆蓋在瓶口，蓋上瓶蓋，就不用擔心漏了。

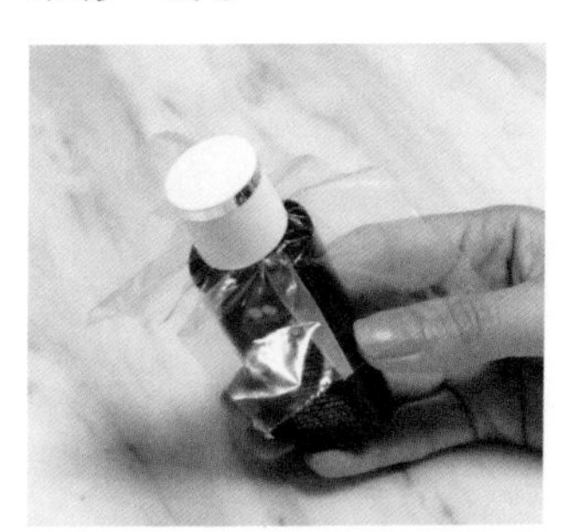

化妝袋

建議大家將化妝品和洗漱用品分開收納，因為洗漱袋通常放在浴室，潮濕的環境不利於化妝品的保存。

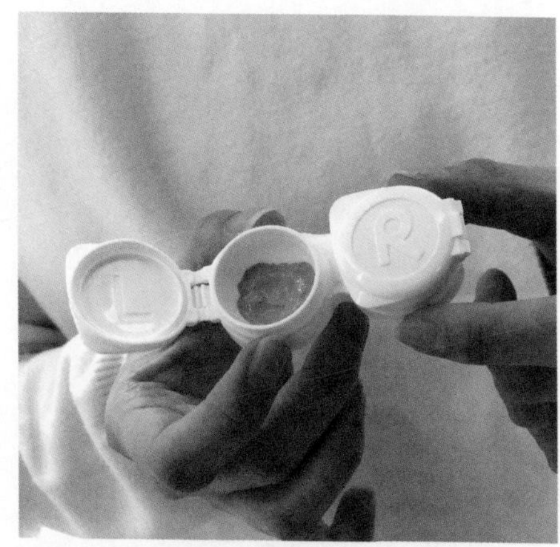

▲ 彩妝用品如果用分裝罐的話，清洗會很麻煩，可以利用舊的隱形眼鏡盒，用完即棄，乾淨又方便。

藥物袋

▲ 愈是零散的物品愈要集中收納。常用的藥品以及個人衛生用品，比如眼藥水、蒸汽眼罩、口罩等收納在一起，想用的時候一秒就能找到。

衣物收納袋

▲ 有帽子的話先裝帽子，帽子中間用圍巾、打底衫填充得飽滿一些，帽檐下用衣服填滿空隙。

衣服的裝袋方法是：上衣一個袋、下裝一個袋。或者按家庭成員的數量，每人一兩個袋。另外多備兩個空的收納袋，用來放髒衣服。

▶ 也可以不裝在收納袋內，直接將衣服捲起來收納。

鞋子

▲ 鞋子有兩種收納方式，一種是用浴帽直接套住，適合運動鞋、男生的皮鞋或體積較大的鞋。

▲ 另一種方法就是用束口袋來收納，一個袋子能放下兩雙鞋，適合女士的平底鞋、拖鞋等可擠壓的輕薄鞋子。

首飾袋

專用的首飾收納袋能收納多款飾品，並且防止互相纏繞打結。

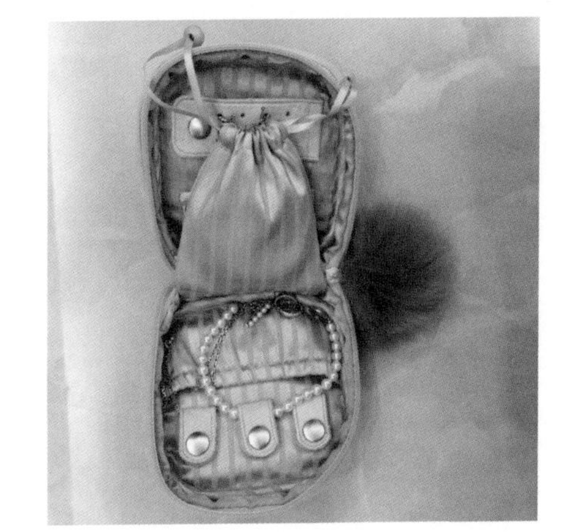

▶ 首飾袋有多種規格，如果平時出門飾品帶得不多，選擇小巧的首飾袋即可；如果配飾較多，就要用容量大些的首飾袋，將首飾全都收納進去。

step 3 裝箱

行李箱一般有兩部分空間，通常一邊安裝了拉杆，有凹凸，另一邊較為平整。

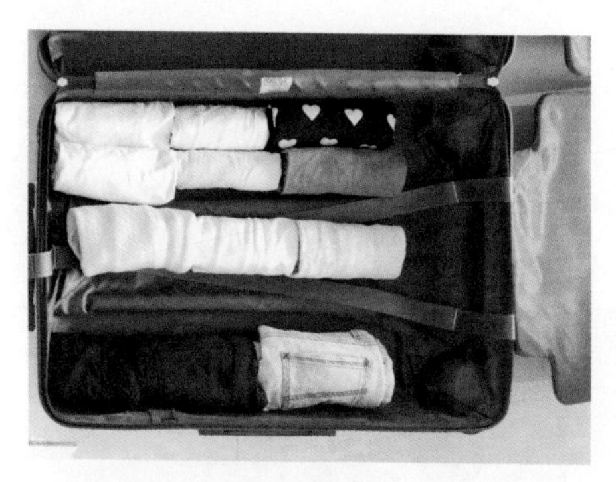

▲ 將衣物裝入有凹凸的一邊，因為衣物柔軟，可以填補空隙。

▲ 各類收納袋裝入平整的一邊，由大到小，配色一致感覺更整齊。

入住酒店後的第一件事也是收納。

▶ 到酒店之後，第一件事應該將除了衣物和貴重物外的其他物品全部拿出，並在使用的地方一字排開，這樣做的好處是可以讓酒店更有家的感覺，物品使用起來也非常方便，每天的效率都會變高。

養成一個習慣，旅行時每天將新買的物品整理一下，離開前打包會輕鬆很多哦！

玩具的整理收納

身邊不少做了媽媽的朋友常常向我抱怨，有了孩子之後再也沒有自己的空間，家裏隨處都是孩子的玩具、衣物。最生氣的是，剛剛整理好，沒過一會兒孩子又弄亂了！

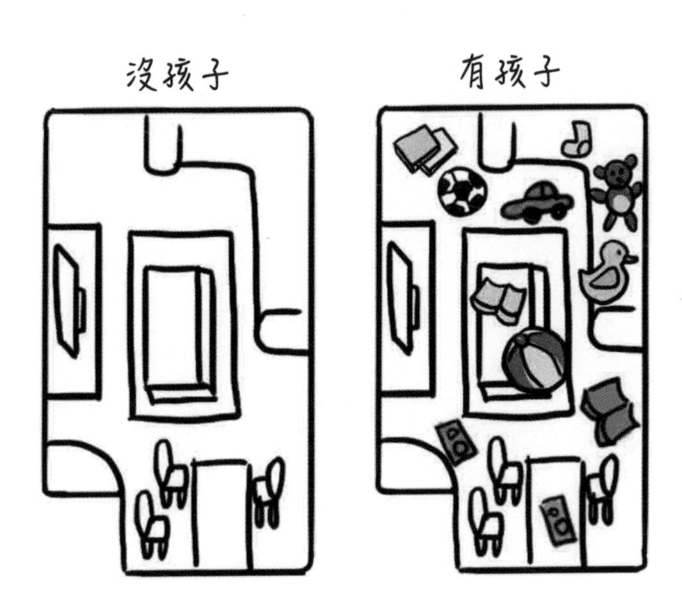

到底有沒有永遠不會亂的玩具整理收納方法？當然有！但這絕不僅僅是大人的事情！

整理前一定要明確一點：整理玩具不是父母的責任，而是孩子的義務，長輩不該為孩子代勞，要在實踐中不斷引導孩子獨立完成玩具的整理。

在我所接觸的案例中，當孩子面對「整理」這件事，並沒有像我們想像中一樣表現出抗拒；相反，大部分孩子都表現得積極和興奮，願意參與。所以，不要把大人對待「家務」的態度帶入到孩子們身上，他們可是非常熱愛「做家務」這件新鮮事的。

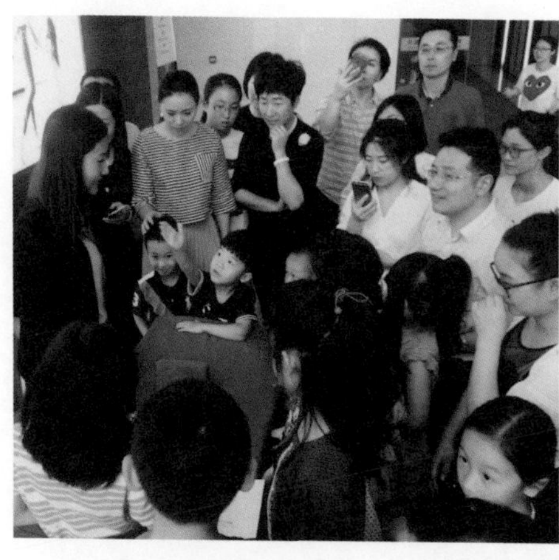

▲ 無論在家還是在課堂上，小朋友參與整理的熱情都很高。

玩具的整理分為三步：

step 1 玩具的取捨

當孩子面對一堆無序擺放的玩具，專注力就會特別短，每個玩具玩幾下，又看到新的玩具，最後只會玩具堆滿地。其實父母不需要給孩子買太多玩具，而是要為孩子成長匹配少而精的玩具。過量的玩具就需要做一次徹底的取捨。

以下幾種就是必須「斷捨離」的玩具：

❶ 不適合孩子目前年齡段的玩具

❷ 缺失了零件的玩具

❸ 孩子經常扔在一邊的玩具

大部分孩子都不願意扔掉自己的舊玩具，即使他們早已不再玩它。這時候父母不能強迫孩子去扔玩具，要採用過渡的方法。

▶ 將這些玩具集中放在一個封閉的收納盒中，當孩子已經三個月沒有打開這個盒子時，就可以將裏面的玩具丟棄。

玩具區的規劃

有了孩子之後，第一件事就是給孩子規劃一個合理的活動空間和儲物空間。這能有效避免孩子物品「侵佔」整個屋子。

▲ 獨立的兒童房，或者客廳的某一塊區域，都是比較理想的選擇。這個空間的傢具不能太高，方便孩子拿取物品，如果是靠牆的櫃子，需要安裝牢固的配件，保證安全。

◀ 如果是整體櫃，將孩子的玩具、書本放在他們能輕易拿取的位置。

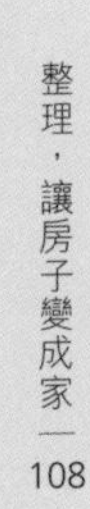

step 3 玩具的收納

在指導孩子收納玩具時，不要一味強調這是他們的責任，而是要告訴他們，將玩具放回屬它們的收納盒裏，是遊戲的最後一步，叫作讓玩具「回家」。玩具收納的位置一旦確定之後，即使有不完善的地方也不要輕易改動，要讓孩子慢慢通過條件反射養成收納的好習慣。

市面上的玩具大致可以分為以下幾類：

❶ 繪本類
❷ 拼砌類（積木、樂高、磁力片等）
❸ 玩偶類（毛絨玩具、洋娃娃等）
❹ 圖畫類（蠟筆、彩筆等）
❺ 音樂類（會唱歌、有聲類的玩具）
❻ 角色扮演類（小廚房等）
❼ 運動類（小汽車、球等）

▲ 不論哪種類型的玩具，都可以按照數量和大小進行收納。

▼ 最理想的收納工具是可抽取式的拉籃抽屜櫃，高度不超過四層，寬度根據牆面空間而定。抽屜的高度有兩種，低一點的收納輕薄且數量多的拼搭類、圖畫類玩具，高一點的收納獨立且尺寸大些的玩具，比如玩偶類、音樂類、運動類的玩具。

玩具收納一定要做好標籤。

軟綿綿類

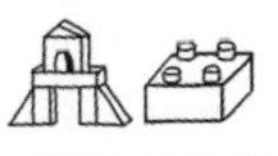

拼拼砌砌類

塗塗畫畫類

扮家家類

▲ 做標籤在玩具收納上尤為重要，不僅可以讓孩子方便取用玩具，還能培養他們的分類和整理意識。

零碎的玩具用密封袋做區分。

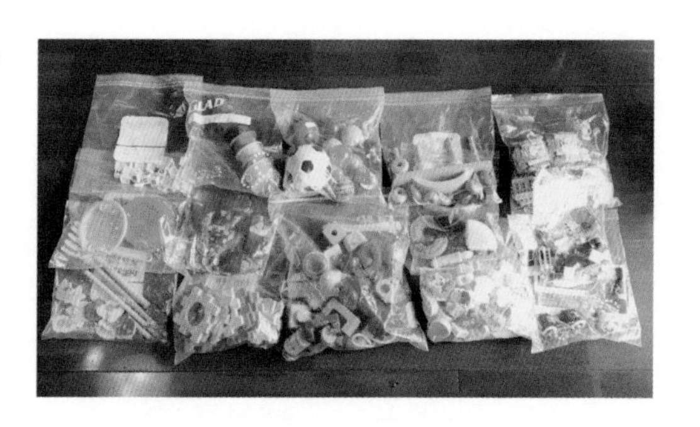

▶ 多副拼板、多套積木全都裝在一個收納盒裏，容易亂怎麼辦？用透明密封袋就能解決這個問題。

家裏的寶寶還小，無法做到根據玩具標籤分類收納怎麼辦？

寶寶還小的時候，雖然不要求他們學會分類，但也要讓他們用最簡單的方式完成「收納」這個動作。

▶ 給寶寶一個大籃筐，讓他們在每次玩好玩具之後，都將玩具送回這個籃筐中即可。一開始可以在大人的陪同下，重複把玩具放進籃筐這個動作，隨着寶寶的長大，漸漸讓他們意識到這是一件「分內事」。

孩子的手工作品該如何收納？

孩子參加各類動腦益智類的手工課堂，幾乎每次上完課都會有各類的手工作品帶回家，這些作品都傾注了寶貝的心血，該如何收納呢？

◀ 利用牆面空間，給孩子一個展示區。在兒童房的牆面安置一排置物架，專門供孩子擺放這些手工作品。等到一定數量之後，讓孩子自己決定應該放哪些作品。從小鍛煉取捨的能力，有利於孩子了解自己內心的想法和感受。

孩子的每個時期，要用的物品都是不一樣的，父母們除了關注家居空間的整體改造，還要注重在這個過程中，讓孩子參與進來，說出自己內心的想法，讓他們成為自己房間真正的「設計者」。

整理神器篇

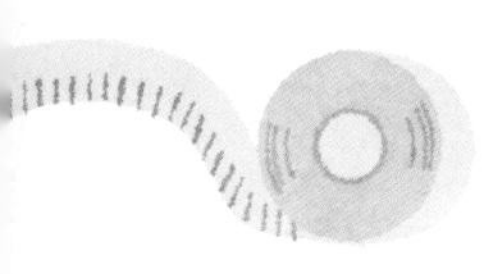

不會做這件事，你只能反復整理反復亂

不少人跟我抱怨，花了大量時間整理，但沒一會兒就又亂了！到底怎樣才能讓整理的效果維持更久呢？

做好整理，除了要有合理的規劃和收納方式，更重要的是保持良好的生活習慣，比如每天隨手整理五分鐘。習慣並非一蹴而就，需要慢慢轉變。養成習慣的過程中需要不斷嘗試適合自己的整理方法，讓習慣更易被培養。

在培養整理習慣的過程中，我覺得有個方法有奇效，那就是「做標籤」。

標籤的三大作用：

1 區分易混淆的物品

▲ 同樣都是白色的麵粉，用標籤區分「高筋」和「低筋」，用起來自然不會混淆。

2 提醒使用或標注物品使用期限

▶ 在玄關處放置一個標有「鑰匙」的置物盤，能潛移默化地督促自己將鑰匙放入其中，避免尋找。

▶ 買來的食品有些只標記生產日期和「保質期 180 天」，每次使用之前都要計算下到期的時間，既麻煩還會讓你產生放棄使用的念頭。我每次買回的食物會第一時間計算好到期時間，填上標籤，雖然看似多做一步，但比起每次拿起物品查看有否過期，時間可是大大節省了！

3 方便取拿

▶ 零碎物品分類做上標籤，想要使用的時候即刻能找到，比如各種外幣，平常就收集在一起，等到旅行的時候不用再一個個去區分啦！

做標籤的步驟：

分裝物品

有些人會覺得分裝物品很麻煩，其實他們只看到操作時的麻煩，卻忽略了使用時的便利。

分裝物品的好處：

❶ 大瓶分裝後變小瓶，方便空間收納

▲ 購買的物品包裝太大，與收納空間的尺寸不匹配，有了尺寸合適的分裝瓶，就能輕鬆收納啦！

❷ 兩瓶變一瓶，節省收納空間

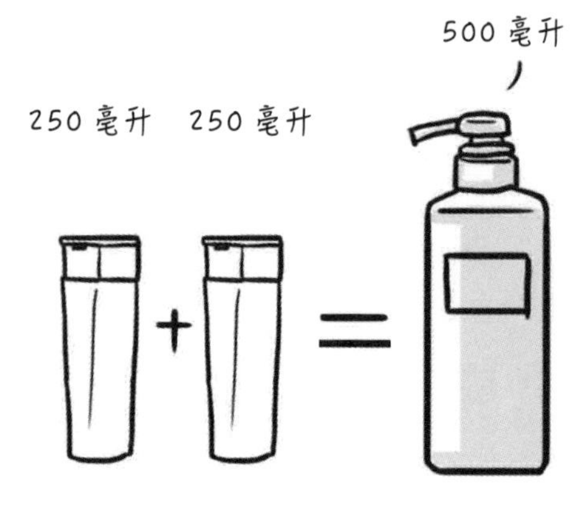

▶ 我經常使用的洗髮水只有250毫升裝，裝入500毫升的分裝罐之後，就能兩瓶變一瓶，使用的時間更長了，也節省了囤貨的收納空間。

❸ 外觀更美觀和整齊

分裝最大的好處就是告別花花綠綠的各種包裝，將物品放入統一顏色和材質的收納容器內，視覺上的一致感能馬上讓人覺得整齊和有序。

▲ 浴室日用品分裝前

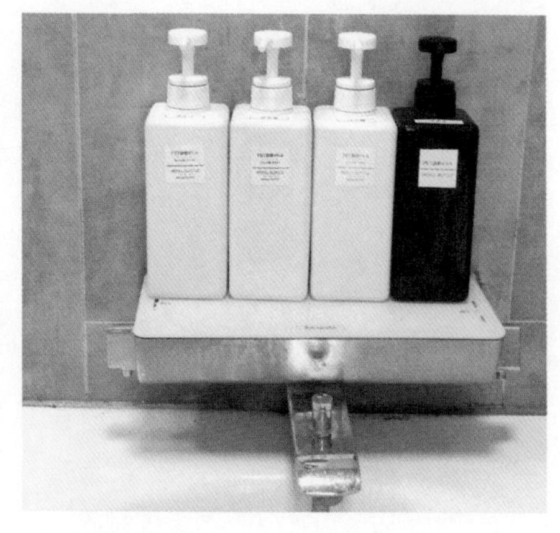

▲ 分裝後

❹ 區分家庭成員用品

▲ 分裝瓶可以自己按需設計，不同的家庭成員使用的時候就能按照顏色進行區分。

❺ 更經濟實惠

▲ 家裏使用分裝瓶之後，購買物品可以選擇更經濟實惠的補充裝，長期使用也能節省一筆開支。

分裝工具的選擇：

分裝工具的選擇一般考慮兩點，一是尺寸，二是材質。尺寸由收納空間決定，材質由收納物品決定。

同類物品中，使用頻率高的，購買大尺寸分裝瓶；使用頻率低的，購買小尺寸分裝瓶。

▲ 常用調味料使用大號分裝瓶。

▲ 不常用的調味料，使用中小號分裝瓶。

材質上，食品類選擇易清潔的材質，比如玻璃；在浴室使用的日用品要考慮選擇抗菌、抗霉性能較好的材質，比如塑料等。

▲ 透明的分裝罐較適合收納分類較細的食材，不用打開就能知道裏面裝的是甚麼，更利於食物儲存。

▲ 分裝工具並不是非買不可。我會選用礦泉水瓶，二次利用變身收納分裝罐。

分裝工具在顏色的選擇上盡可能一致，以白色、黑色、米色等較好搭配的顏色為主。

step 2 做標籤

標籤分為打印和手寫兩種。

▼ 打印標籤防水、可以擦洗，適合家裏固定品類的物品，比如標記調味料、洗漱用品、說明書等等。

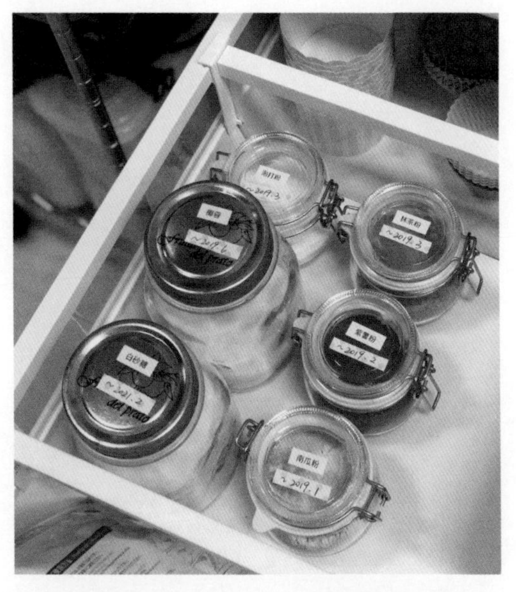

▲ 手寫標籤方便、快捷、幾秒鐘就能完成，適合要經常更換的標籤，比如標記保質期，臨時信息等。

標籤要做在視線最容易看見的地方。

▲ 在檯面使用的物品，標籤貼在物品的正面最好。

▲ 收納在抽屜的物品，拉開抽屜只能看到物品的頂部，所以標籤要貼在物品的頂端。

做標籤是整理的一大樂趣，有孩子的家庭不妨和孩子一起動手給家裏的物品貼上標籤，一個井然有序的家正在向你招手！

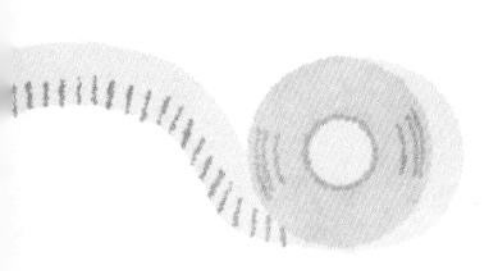

讓小空間翻倍的「收納神器」

東西多、地方小，怎樣才能利用好家裏每一塊小空間，這就需要四件收納神器來幫忙。

小推車

小推車實在是家裏不可或缺的「神器」，零食沒地方放？家裏的雞肋空間不知道怎麼利用？都可以從小推車中找到解決方法。

小推車的三大優點：

物品集中收納，分層取用，容量超大

▲ 常吃的零食、保健品都集中放在小推車上收納，每天取拿非常方便。而且，因為是全露出的收納方式，也不會忘記使用。

靈活方便，想在哪裏用，就在哪裏用

▲ 裝有輪子的小推車行動自如，最適合要多個地點使用的物品。比如嬰兒用品，臥室和客廳都有可能使用到，有個小推車，就能避免來回取物的麻煩。

3 對家居空間的影響非常小

▲ 我在英國旅遊時發現的復古小推車

小推車佔用的家庭空間非常小，外加自由行動的特點，不會影響傢具的使用和日常的地面清潔。

現在市面上的小推車多種多樣，根據自己家的風格找到合適的小推車一點都不困難。

伸縮板

伸縮板看似普通，卻能化解不少櫃子內部空間不合理的問題，讓收納佈局更好用。

伸縮板的三大優點：

1 將空間分層，避免空間閒置

定製的櫃子容易出現一個問題，就是物品高度與櫃子高度不匹配，有時候會多出一大截，伸縮板就像個靈活的櫃子隔板，將雞肋空間、閒置空間重新利用。

◀ 我家定製的鞋櫃高度固定，加上伸縮板之後，一層空間分隔成兩層，收納容量瞬間翻倍。

2 長寬均可自由選擇，與櫃子的匹配度高

市面上的伸縮板長度和寬度都有多種選擇，完全不用擔心無法和櫃子匹配的問題。

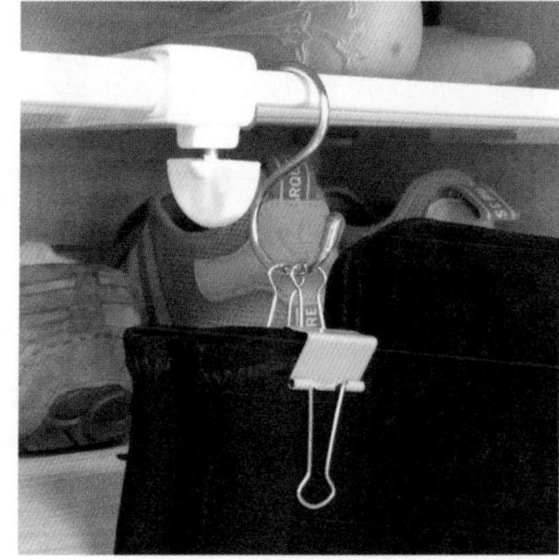

◀ 利用伸縮板的橫杆增加掛鈎等配件，還可以輕鬆懸掛物品，比如利用S形掛鈎和長尾夾將長靴夾起收納。

3 自由安裝拆卸，不破壞傢具本身

伸縮板可以任意安裝在自己想要安裝的位置，根據物品大小調節高度，這樣形成的收納空間更加合理。

VS

▲ 即使要變化收納格局也能輕鬆拆卸，不破壞傢具櫃體本身。

洞洞板

洞洞板以前常被用於工作室，收納零碎的工具和雜物。現在，洞洞板已成為家居收納的好幫手，不僅收納效率高，還能將閒置的牆面空間利用得有聲有色。

洞洞板的三大優點：

1 利用牆面等垂直平面空間，節省地面空間

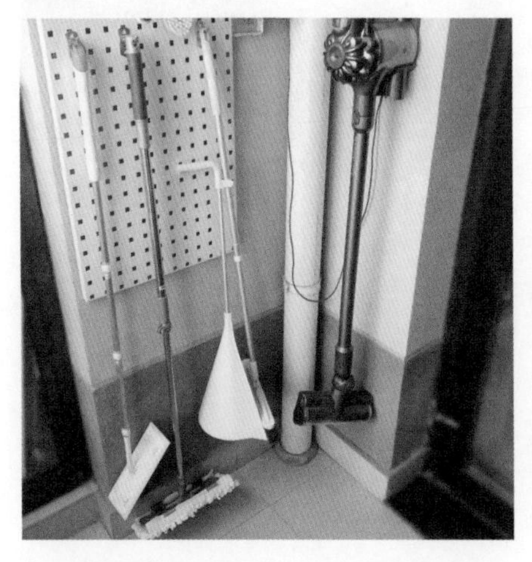

▲ 清潔用品上牆，用洞洞板輔助收納，看起來既整齊又有秩序。

▲ 如果你不想將自己的雜物顯於人前，櫃門後的空間也能加以利用。

2 開放式收納，所有物品一目了然

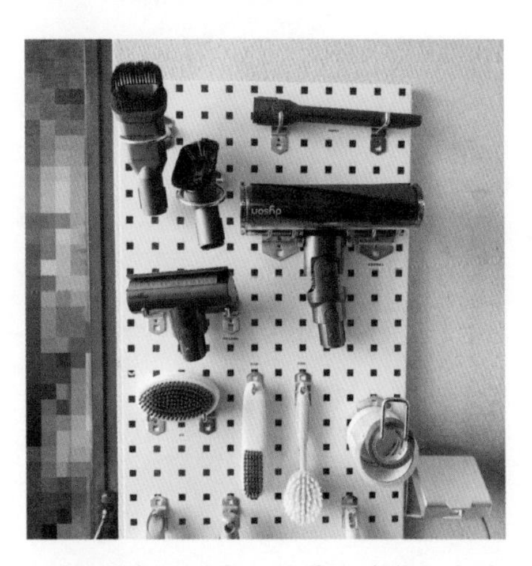

▲ 物品盡收眼底，想要用甚麼就拿甚麼，最為簡單快捷。

3 展示物品，整齊好看還有裝飾效果

▲ 用洞洞板收納物品，就好像一個五彩繽紛的展示牆，是家裏的一道風景線。當然物品的顏值必須在線！

收納掛袋

收納掛袋有兩種，一種是可以懸掛置物的袋子，另一種細分小格，能將物品分類收納，整體懸掛在一起。

▲鞋櫃的櫃門後我放置了一個收納掛袋，裏面裝有擦鞋布、鞋油等工具，方便我隨時清潔鞋子時使用。

1 培養順手收納的習慣，提醒使用物品

2 將物品細分，取用更簡單

對於物品少的人，這種有分類的收納工具非常實用，可以將首飾、絲巾等小物件收納在一起，既不會混淆，也便於查看取用。

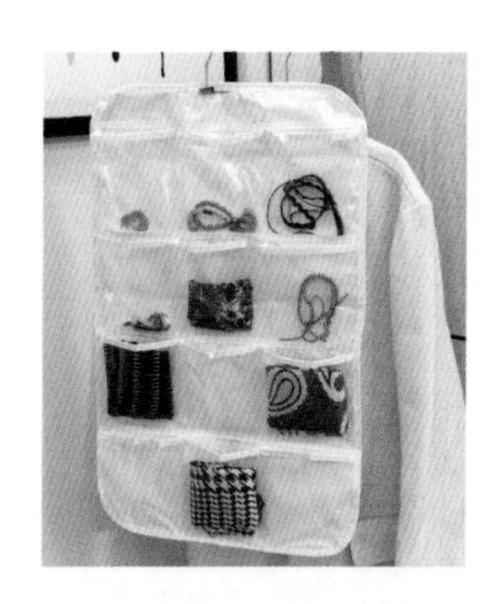

3 懸掛的方式最節省空間

收納掛袋多為懸掛式，這樣最節省空間。在浴缸邊上我放置了掛袋，專門用來收納面膜、浴鹽等洗澡時用的物品。

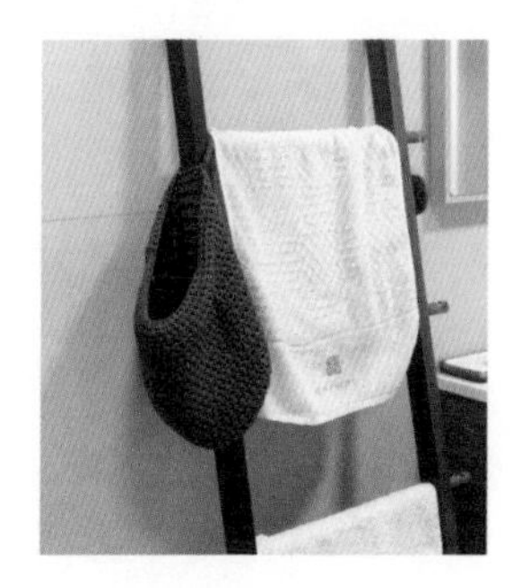

收納工具是為物品服務的，無論何時都要將物品擺在第一位，再考慮如何收納和選擇收納工具哦！

這三件不起眼的小東西，原來是收納好幫手

收納工具並非愈貴愈好，有時候反而是一些不起眼的小工具，收納的時候竟能大顯身手。

百變的掛鈎

掛鈎是每個家裏都會用的東西，掛鈎的種類其實遠不止黏貼式一種。有背後是吸鐵石的磁石掛鈎，也有 S 形掛鈎。

▲ 磁石掛鈎

▲ S 形掛鈎

掛鈎的三大妙用：

1 將物品豎立起來收納

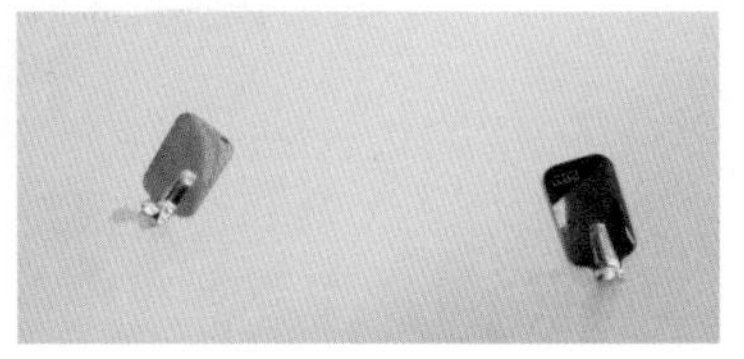

▶ 兩個掛鈎即可穩穩掛住鍋蓋，節省了檯面空間。

2 適合經常需要曬乾的物品

洗碗用的各種刷子、洗手間的抹布、清潔工具，用掛鈎掛起，收納的同時就能做到自然曬乾，一舉兩得。

3 配合不同收納工具都能使用

伸縮杆配合S形掛鈎，懸掛寵物的衣服綽綽有餘。

電線固定器

電線一多總會顯得凌亂，即使只有一根電線，隨意散落在地面上也非常不美觀。

電線固定器有多種，有的專門將電線固定在桌面上，有的可以將電線固定在牆面的走線位置。

電線固定器的兩大妙用：

1 固定家電的充電線

將兩個電線固定器貼在空氣淨化器背面，電線就能纏繞起來，使用時再取出。

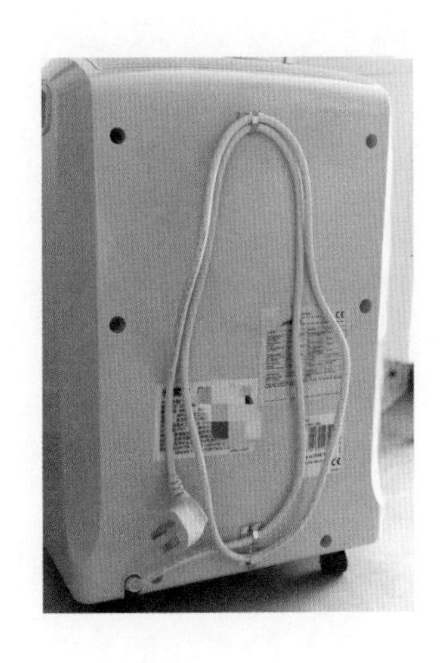

2 在櫃門內懸掛長條形物品

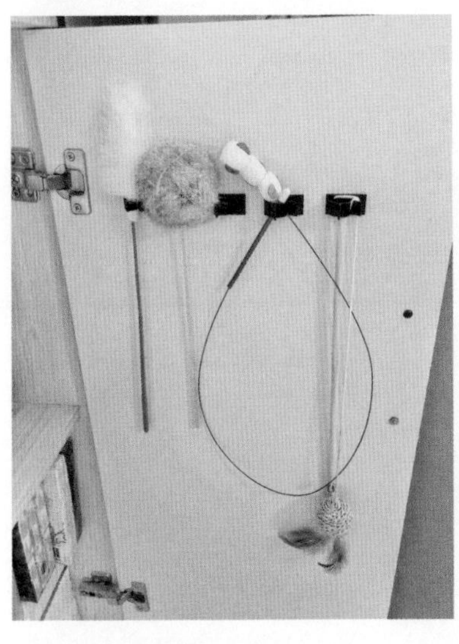

▲ 細小的電線固定器本身不佔空間，用在櫃門後，收納細長條形的寵物玩具最合適不過。

長尾夾

長尾夾看似平平無奇，但確是我家的常備品。

長尾夾的三大妙用：

收納電線

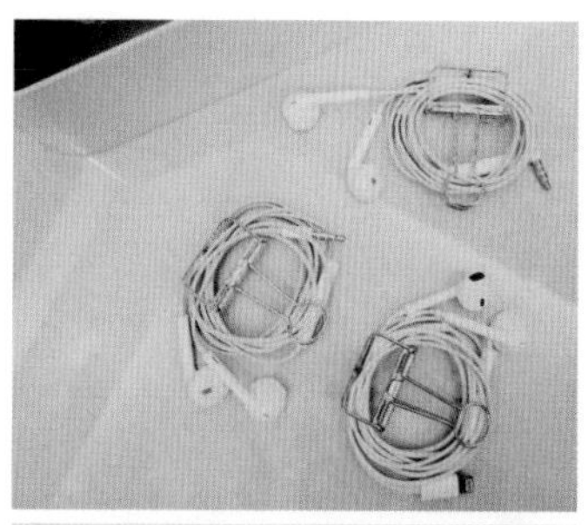

短的電線、耳機線用長尾夾即可輕鬆收納，操作簡單又非常經濟。

做標籤

長尾夾既能起到密封食物的作用，又能在上面直接貼上標籤，非常好用。

與掛鈎結合，將物品立起來

任何物品想要掛起來收納，都可以用上長尾夾。洗碗手套用長尾夾夾起來，就能輕鬆地豎立收納，空間大大節省。

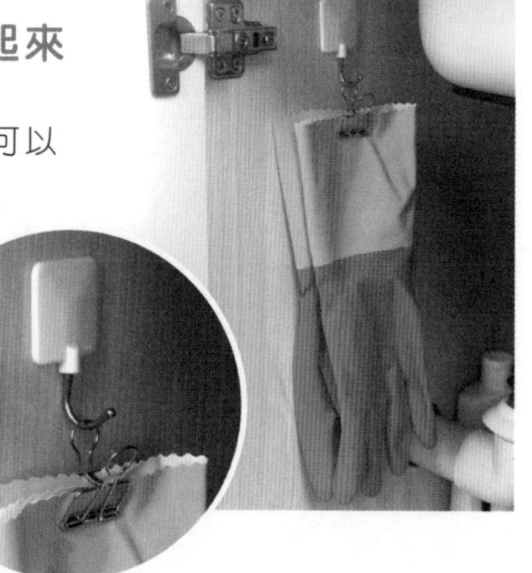

這些不起眼的小工具，每個人家裏都有，儘量多發揮你的想像力和創造力，收納物品的時候先考慮用上它們吧！

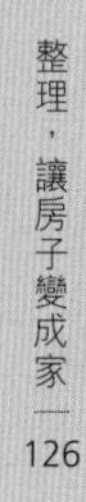

後記

學習整理收納久了，我愈來愈體會到，整理這件事是沒有標準答案的。每個人的家都是不同的，每個人心目中想要的家也是不同的。真正完美的家，沒有千篇一律的公式，都是在生活的一點一滴中打造而成。

我希望你們讀完這本書，喜歡我為自己的家花的那些小心思；我更希望你們能從這本書中得到啟發，讓家也充滿你們的智慧和創造。

當然，整理並不是生活的全部，如果你在整理的過程中累了、想偷懶了，千萬不要有罪惡感，這並沒有甚麼不好。生活的本質在於取悅自己，整潔有序的環境固然能讓人舒適，但最重要的，還是保持自己內心的從容和自在。

最後，感謝本書的插畫師曹俊，總是第一時間回應我的需求。

感謝本書的編輯團隊，非常耐心地等待我漫長的寫稿和磨稿。

感謝我的家人一直默默支持我，讓我毫無顧忌地從事着喜愛的事情。

更要感謝所有支持我的人，你們的喜歡才是我寫成這本書的最大的動力。

感恩！謝謝！

林傑瀟

整理，讓房子變成家

作者
林傑瀟

責任編輯
Eva Lam

美術設計
Nora Chung

內文插畫師
曹俊

排版
Nora Chung、Sonia Ho

出版者
萬里機構出版有限公司
香港鰂魚涌英皇道1065號東達中心1305室
電話：2564 7511
傳真：2565 5539
電郵：info@wanlibk.com
網址：http://www.wanlibk.com
http://www.facebook.com/wanlibk

發行者
香港聯合書刊物流有限公司
香港新界大埔汀麗路 36 號
中華商務印刷大廈 3 字樓
電話：2150 2100
傳真：2407 3062
電郵：info@suplogistics.com.hk

承印者
中華商務彩色印刷有限公司
香港新界大埔汀麗路 36 號

出版日期
二零一九年九月第一次印刷

ISBN 978-962-14-7102-4

本書繁體版權由中國輕工業出版社授權出版
版權負責人：林淑玲 lynn1971@126.com